느림보
수면교육

소신육아를 실천하는 엄마들의 현명한 선택

느림보
수면교육

이현주 지음

폭스코너

수면교육에 지친 엄마들에게

아기도 울고, 엄마도 울고, 잠자던 아빠도 깨어나 울고

나는 2005년에 첫 출산을 경험했다. 큰아이는 예정된 출산일보다 2주나 빨리 태어났다. 배가 불러 있는 동안 이제나저제나 얼굴 볼 날만 기다렸다. 태어난 아이가 어찌나 반가웠던지, 예정보다 빨리 나와 고생시킨 것쯤은 아무것도 아니라 여겼다. 그만큼 행복했다. 아기를 낳아본 엄마라면, 또 지금 뱃속의 아기와 만날 날을 고대하고 있는 예비엄마라면 그 마음을 충분히 이해할 수 있을 것이다.

하지만 바로 그날부터 밤낮으로 자지러지게 울어대며 잠투정을 부리는 아이를 보며 나는 패닉 상태에 빠지고 말았다. 아이를

도로 뱃속에 집어넣고 싶은 충동에 휩싸였다. 정말 그럴 수만 있다면 적어도 시도라도 해봤을 것이다. 아이는 잠투정이 너무 심했다. 아이가 잠을 자지 않으니 온 가족이 푹 잘 수 없었다. 아기도 울고, 엄마도 울고, 잠자던 아빠도 깨어나서 울었다. 이 또한 첫아이를 낳고서는 한 번쯤 공유하는 경험이니, 아마 많은 분들이 공감하리라 믿는다.

그래도 물릴 수 없는 현실이었다. 아이의 잠이 중요하다는 것은 상식적인 수준에서 충분히 판단할 수 있는 일이었다. 초보엄마인 나도 조금은 제대로 자고 싶었고, 확신 속에 살고 싶었다. 궁하면 답을 찾으려 노력하게 되어 있다.

당시 나는 미국 시애틀 인근 도시에 거주하고 있었는데, 출산 병원에서는 퇴원하는 나에게 아기에 관한 책과 출산용품 샘플을 한가득 들려주었다. 임신 기간에도 병원에서는 미국소아과학회에서 발간한 500쪽이 넘는 임신육아 서적을 건네주며 읽어보라 했었으니, 내 손에는 아기 관련 자료가 적어도 600페이지 이상 있었던 셈이다.

이렇게 내게 주어진 책과 책자를 하나둘 넘겨보고, 인터넷을 통해 사방팔방 정보를 모았다. 나는 미국 자료에서 본 아기 잠투정 해결법에 깜짝 놀랐다. 아기를 혼자 몇 십 분씩 울려 재우면 된다는 것이 아닌가! 한국인이라 그런지 아기를 혼자 울리는 게 쉽지 않아 보였고, 그래서 인터넷을 통해 한국어로 된 아기 잠투정 해결법을 찾기 시작했다.

마침맞게 '수면훈련'이라는 단어가 번역서나 육아 사이트에서 언급되기 시작하던 때였다. 그런데 아기 잠투정에 대한 한국어 정보는 곳곳에서 눈에 띄긴 했지만 한없이 빈약하고 피상적이었다. 영어 자료를 요약 번역해놓은 정도라고나 할까. 대체 한국인의 정서는 어디로 가버린 것인가!

나는 한국인이다. 프랑스맘, 스칸디맘, 중국 타이거맘에게서 배울 것도 있겠지만, 내 머릿속에 그려지는 한국인 엄마의 정서를 버릴 수는 없었다. 내가 상상했던 한국맘의 정서가 실은 내 엄마의 정서였을 수도 있다. 한참의 시간이 흐른 뒤에야 내 머릿속에 연상되던 한국인의 정서가 꼭 한국인의 정서를 대표하는 건 아니고 서양인의 정서가 꼭 그네들의 정서를 대표하는 건 아니었다는 걸, 그리고 아기를 울려 재우는 것이 꼭 나쁜 것만은 아니라는 걸 알게 되었지만, 어쨌든 당시의 나로서는 아기를 '혼자' 울게 하는, 뭔가 나에게는 맞지 않는 방법을 대신할 비책이 필요했다.

어느 정도 시간이 흐른 뒤 나는 마침내 찾아냈다. 아기를 혼자 울게 하는 수면훈련법을 단호하게 반대하고, 아기가 태어난 첫해에 잠을 못 자는 것은 당연하다 여기며 커다란 수면 흐름을 잡는 것에 더 집중하는 사람들의 의견을 접하게 된 것이다. 게다가 그들은 패배자가 아니었다. 애착육아와 모유수유그룹이라는 거대한 흐름을 이끄는 사람들이었다.

이 책에서 나는, 애착육아와 모유수유그룹이 강조하는 수면환경 및 흐름을 잡는 것으로는 부족하여 며칠간 아기의 울음을 견뎌

가며 아기의 수면습관을 집중적으로 잡는 것을 '수면교육'이라고
표현했다.

수면교육보다 더 중요한 '공감'

엄마들은 정보를 독점하지 않는다. 아기 키우는 정보에 대해서
만큼은 독점욕이 생기기는커녕 가급적 널리 퍼뜨려 서로에게 도움
이 되길 바라는 게 동료 엄마들의 마음이다. 비슷한 고충을 겪는 다
른 엄마들을 돌아볼 줄도 알고, 좋은 것을 나누고 싶기도 하다. 나
역시 출산 전후로 선배 엄마들에게 배운 것들이 많기에, 내가 가진
정보도 마땅히 나누어야 한다고 생각했다. 그래서 〈아기와의 즐거
운 속삭임〉이라는 웹사이트(http://www.babywhisper.co.kr)와 블로그를
운영하기 시작했다. 내가 가진 미미한 지식이나마, 간절히 답을 찾
는 엄마들에게는 단비 같은 소식이 될 것이라 믿었기 때문이다.

아니나 다를까, 웹사이트와 블로그를 찾는 엄마들이 하루하루
눈에 띄게 늘어났다. 회원들은 웹사이트에 '속삭임'이라는 애칭을
붙이곤 스스로를 '속삭임맘'이라 부르기 시작했다. 수면훈련에 대
해 찾아낸 정보를 공유하면, 고맙다는 인사에서부터 수준 높은 질
문에 이르기까지 즉각적인 반응들이 왔다. 그제야 아기의 잠투정
으로 고민하는 엄마가 나 혼자는 아니라는 실감, 의외로 그 수가 적
지 않다는 안도감에서 비롯한 적잖은 위로를 얻을 수 있었다. 아기
를 키우며 웹사이트를 운영하는 일은 마냥 쉽지만은 않았지만 꽤
나 즐거운 일이기도 했다. 질문 하나를 던지면, 수십 줄에 이르는

댓글을 써주는 열혈회원들 덕에 웹사이트 질문게시판은 소위 '고퀄' 게시판이 되었다. 고퀄리티의 댓글과 게시글이 많은 게시판은 나의 자랑거리다.

회원들과 매년 1박 2일 온 가족 정기행사를 가진 것도 벌써 10년째다. 웹사이트 운영자인 나를 처음 만나면 눈물을 터뜨리는 회원들이 있다. 어찌나 부끄러운지 모르겠다. 부족한 내 글을 '꿈보다 해몽' 식으로 잘 해석해 읽어주는 고마운 회원들이, 오히려 내게 고맙다며 눈물을 흘린다. 심지어 나는 그들이 가졌던 아기의 잠 문제를 온전히 해결해주지도 못했다.

그저 "당신 혼자가 아니다. 나도 겪었다. 힘든 줄 안다"라는 공감만 해주었을 뿐이다.

큰아이와 둘째 사이의 8년 터울에, 그 어느 때보다도 엄마들끼리의 공감이 필요함을 실감했다. 수면훈련이라는 말조차 생소했던 큰아이 때와 달리, 이제는 수면교육이 필수불가결한 육아방식이 되어버렸다. 수면교육은 물론 중요하다. 아기 잠은 그때나 지금이나 아기 건강과 발달, 가족들의 행복을 위해서 중요한 요소다. 하지만 지금 엄마들 사이에서 통설로 자리 잡은, 어떤 식으로든 통잠을 재워야만 한다는 식의 강박적인 수면교육은 아기 수면의 본질에 대한 무지와 편향된 경향 때문에 당시와는 또 다른 방향으로 수많은 엄마들을 좌절시키고 눈물짓게 하고 있다.

통잠이 아기 신체발달에 그토록 중요한데, 아기를 12시간 깨지 않게 재우는 것이 필수적인 교육 양식인데, 그래서 그 목표를 달성

느림보 수면교육

하기 위해선 3개월도 안 된 아이를 독한 마음으로 훈육하려는 의지를 가져야 하는데, 그러지 못한 엄마들. 결국 잠투정 부리는 아이를 가지게 된 엄마들은 이제 나쁜 엄마, 해야 할 어떤 과정을 방기한 엄마, 그래서 아이의 발달을 저해한 모자란 엄마로 낙인찍히는 실정이 되어버렸다.

그게 필수 육아과정이라는데 대놓고 방기할 엄마가 얼마나 되겠는가. 아기 통잠 재우기에 실패한 엄마들도 분명 수차례 도전과 좌절을 반복했을 것이다. 아기의 자지러지는 울음소리, 서럽다고 보채는 투정을 애써 냉담하게 대해보기도 하고, 작심하고 방에 홀로 재워보기도 하고, 제대로 알아듣지도 못하는 아기를 윽박지르기도 해보았을 것이다. 하는 데까지 했는데도 안 된다. 그런데 가장 먼저 느끼는 것은, 내가 부족해서 그러나, 다른 엄마들보다 무언가 부족했던 것은 아닐까, 하는 죄책감이다. 내 아기, 특히 그 아기가 첫아이라면 그 죄책감은 더 커진다. 내가 경험이 미숙해서 아이 발달에 정말 중요한 무언가를 놓친 것은 아닐까 하는 불안감도 빼놓을 수 없다.

내 아기에게 맞는 수면교육과 육아방법 찾기

나는 아기 수면에 대해 정말 열심히 자료를 모으고 공부했다. 결론부터 말하자면, 지금 한국에서 대세로 정립된 아기 수면교육에 대한 정론과 반론의 세가 거의 반반이다. 그만큼 지금 강조되는 방식의 수면교육에 대한 반론도 만만치 않고, 장단점이 존재한다는 의미다. 심지어 현재의 수면교육 방법이 옳다고 주장하는 논문에서조차 6개월 이전 아기에 대한 안전성은 입증된 적이 없고, 아이 다섯 중 둘 정도는 애초에 이 방법이 효과적이지 않을 수 있음을 인정한다. 모든 아이들이 통잠으로 수면의 질을 높일 수 있는 것은 아니며, 또 아이의 성향에 따라 애초에 통잠이 불가능한 경우도 많다는 것이다. 통잠의 가치는 아이의 신체발달 측면에서는 분명 이로운 점이 있을 터이나, 통잠을 재우려 강압하는 과정에서 벌어지는 부모와 아이 사이의 심리적·정서적 갈등의 문제는 도외시한 측면도 없지 않다.

그럼에도 불구하고 우리나라는 특히나 '이렇게 해야만 한다', '이런 식이 아니면 안 된다'라는 지침서 형식의 조언에 경도되는 경향이 있어서, 마치 하나의 의견만이 전부인 양 확산되고 또 그렇게 굳어진다. 반론은 언급되지도 않고, 다른 방식의 교육 제안은 그냥 방기된다. 유연성이 부족한 것이다. 그것은 우리 사회 전체의 문제이기도 하다.

그래서 우는 엄마들이 생긴다. 그에 따라 〈아기와의 즐거운 속삭임〉 사이트도 달라졌다. 2005년 당시 수면훈련에 대한 객관적 정보를 제공했던 것과는 달리, 이번에는 엄마의 정서적 측면의 정보를 적극적으로 소개하고 있다. "아기의 수면이란 아기가 자라면서 호전과 퇴행을 반복하는 과정에서 정착되는 것이므로, 반드시 통잠을 재우는 수면교육에 성공하지 못했더라도 당신이 나쁜 엄마인 것은 아니다. 아기에 따라서는 애초에 이런 방식의 육아가 불가

　　　　　　　　　　　　　　　　　느림보 수면교육

능한 경우도 적지 않다"고 소개하고 그 근거를 다각도로 제시했더니, 역시 반응이 오기 시작했다.

"병원에서도 주변에서도 인터넷에서도 온통 다 엄마 탓이라고 해서 힘들었는데, 여기서 위로가 많이 되었어요. 공감이 이렇게 힘이 될 줄 몰랐어요. 동지가 생겨서 기뻐요"라는 감정적 호소에서부터 "이런 반론이 있는 줄은 몰랐다, 근거를 들어보니 이쪽이 더 옳은 것 같다"라는 이성적인 판단의 글은 물론, "그래서 엄마가 행복하면 아기도 행복하니, 각자 적합한 수준의 수면교육을 논해보자"라는 건설적인 논의의 방향으로까지 나아가기도 했다.

아기를 키우는 일은 무조건적인 지침에 맹목적으로 따를 성질의 일이 아니다. 얼마나 소중한 내 아이인가. 얼마나 사랑스럽고 귀한 존재인가. 그렇다면 제대로 된 공부가 필요하다. 우선 아기는 왜 우는지, 아기의 수면패턴은 어떤 과정과 반응을 따르는 것이기에 잠투정이라는 문제가 생기는 것인지, 그런 정보와 지식을 이해해야 올바른 수준의 수면교육, 내 아이에게 가장 적합한 육아방법을 찾을 수 있다. 그게 옳다. 비단 수면교육뿐 아니라, 모든 육아방법에 통용되는, 통용되어야 할 기본 전제다. 엄마가 먼저 배우고 이해해야 한다. 그래야 어떤 주장이 옳은지 따를 만한지 부작용은 없는지 내 아이에게 맞는 것인지 판단할 수 있다. 판단할 수 있는 엄마가 되는 것이 중요하다. 그것이 이 책의 기저에 흐르는 핵심적인 주장 중 하나다.

지금껏 〈아기와의 즐거운 속삭임〉 블로그에 올라온 글 중 가장 인상 깊고 심금을 울린 것은 아주 짧은 문구였다.

"글을 읽으며 나도 모르게 울고 있었다."

강압적인 방식으로 제시되는 수면교육으로 인해 얼마나 가슴앓이를 하고 죄책감을 느꼈으면, 그게 꼭 올바른 방식도 유일한 방식도 아니라는 말에 눈물까지 흘렸을까. 알지 못해서, 그냥 그래야 한다고 하니까 그렇게 해왔기 때문이다.

배우면 된다. 그러면 내 아이에게 가장 적합한 수면교육 방법과 적절한 시기를 찾을 수 있을 것이다. 운이 좋으면 수면교육 없이 수면 흐름을 잡아주는 것만으로 아기가 잘 자게 될 수도 있다. (불과 10년 전만 해도 그런 아기가 대다수였다.) 이제 영문도 모른 채 시도하고 또 시도해도 좌절만 거듭했던, 그래서 가슴 한구석에 내내 죄책감을 안고 남몰래 눈물짓던 엄마들이여, 그 눈물을 거두시라.

그저 배워서 알면 된다.

느림보 수면교육

차례 • • •

프롤로그 수면교육에 지친 엄마들에게   4

Chapter 1

엄마라는 새로운 나, 마더쇼크

1. 초보맘 시절, 나를 지탱해준 세 마디   19

2. 당혹, 걱정, 불안 그리고 기쁨, 마더쇼크   28

3. 완벽한 엄마, 못난 엄마, 괜찮은 엄마   38

Chapter 2

백일간의 울음

1. 아기와 성인의 가장 큰 차이점   45

2. 자궁 밖의 태아   48

3. 영아산통의 새로운 해석, 퍼플(PURPLE) 울음절정기   56

4. 우는 아기 달래기, "아! 이런 방법도 있었어?"   61

5. 아기 울음에 대한 분노와 죄책감   105

6. 아기에게도 힐링이 필요하다　　　　　　　　108

7. 아기 혼자 울게 해야 하는 때도 있다　　　　112

Chapter 3

엄마가 받는 수면교육

1. 10년 전엔 없었던 단어, 수면교육　　　　　　119

2. 아기 잠, 대체 무엇이 달라서?　　　　　　　124

3. 아기도 신호를 보낸다　　　　　　　　　　140

4. 아기에게 신호를 보낸다, 아기 졸리게 만들기　146

5. 졸리면 자면 되지, 울긴 왜 울어?　　　　　　151

6. 좋은 잠버릇은 많이, 나쁜 잠버릇은 적게 들이기　155

7. 일찍 재워야 더 쉴 수 있다　　　　　　　　160

8. 아기가 특히 잠을 못 자는 시기도 있다　　　166

9. 모든 엄마의 소망, 통잠　　　　　　　　　171

Chapter 4

아기 수면교육, 할까 말까?

0. 수면교육을 시작하기 전에　　　　　　　　185

1. 육아 논쟁 넘버원-수면교육 찬반, 현재로는 1:1　186

2. 수면교육을 지지하지 않는다   190

3. 수면교육을 권하는 경우도 있다   195

4. 수면교육에 반대하는 진짜 이유   199

5. 수면교육의 성공률과 성공의 열쇠   204

6. 수면교육 한다고 그걸로 끝이냐?-수면퇴행   211

7. 수면교육 할 용기가 (아직) 나지 않는 엄마들에게   218

Chapter **5**

아기가 받는 수면교육

0. 느림보 수면교육이란?   227

1. 수면교육의 적절한 시점   229

2. 다양한 수면교육 방법들   235

3. 나눠 하는 수면교육   258

4. 실전에 들어가기-시행 전 단계   292

5. 수면교육을 중단해야 할 위험신호!   303

6. 실전! 그리고 변경   306

에필로그   310

참고자료   316

찾아보기   322

⋮

엄마라는 새로운 나, 마더쇼크

⋮

나는 정말 좋은 엄마였다.
내 아이가 생기기 전까지는…….

트리샤 애쉬워스(Trisha Ashworth)

1

초보맘 시절,
나를 지탱해준 세 마디

"Welcome to Mother's World!"

'엄마'라는 낯선 세상으로 들어가는 문은 갑자기 열렸다. 나의 첫아이는 출산 예정일을 2주 앞두고 태어났다. 그 전날 밤 동생은 전화를 걸어와 나에게 이렇게 말했다.

"뱃속 아이도 말을 알아듣는대. 일주일 뒤에 할머니가 산후 조리 때문에 오시니까 그때까지 나오면 안 된다고 말해봐."

뱃속의 아이가 정말 내 말을 알아들을 수 있을까. 나는 반신반의하는 마음으로 배를 천천히 쓰다듬으며 아이에게 부탁했다.

"할머니 오시면 나와라. 일주일 남았으니까 조금만 참자, 알았지?"

그러나 아이는 나의 첫 부탁을 들어주지 않았다. 그날 밤, 아이는 엄마 뱃속의 집을 터뜨리고 세상 밖으로 나와버렸다. 그렇게 나는 미처 마음의 준비도 하지 못한 채 엄마가 되었다. 뭐 어쩌겠는가. 나는 드디어 천사와 만난다는 기대로 가슴이 설레었다. 정말 내 아이는 천사라고 생각했다. 뱃속에 있을 때 엄마에게 입덧도 시키지 않았고, 잠을 설치게 한 적도 없었으며, 아픈 곳도 없이 순탄한 시간을 보낼 수 있게 해주었으니까.

그때까지만 해도 나는 까다로운 아이는 태교를 잘못한 탓이라고 믿었다. 그래서 어릴 때부터 까다롭고 예민한 아이라는 말을 들어온 나와 달리, 뱃속에서 순하기만 하던 아이가 그저 고마웠다. 정말 천사가 나에게 와주었구나 하는 생각을 했다. 하지만 그 기대는 아이가 태어난 지 이틀째 되는 날 완전히 깨지고 말았다.

잠! 잠이 그 이유였다. 새벽 3, 4시쯤 깬 아이는 젖을 먹여도, 안고 흔들어줘도 울기만 하고 잠을 자지 않았다. 남편은 피곤한지 아무리 깨워도 일어나지 않았다. 어쩔 수 없이 막 출산한 몸으로 4시간 동안 아이를 안고 병실 안을 이리저리 오갔다. 두 팔은 떨어져나갈 듯이 아팠고, 퉁퉁 부은 다리는 땅에서 쉽게 떨어지지 않았다. 내가 아이를 출산한 병원은 시애틀 인근에 있는 종합병원으로 간호사들이 엄마를 대신해 아이를 돌봐주는 그런 곳이 아니었다. 도움을 청했다면 아이를 신생아실로 데려가주었겠지만, 차마 아이를 품에서 떼어놓을 수가 없었다.

그날 아침, 병실을 돌던 나이 지긋한 간호사가 나에게 물었다.

"아이와의 첫 밤은 어떠셨어요?"

드디어 내 말을 들어줄 사람을 만났다고 생각한 나는 그날 새벽의 일을 모두 털어놓았다. 목에 울음이 가득 차올라 말을 우물거리거나 말끝을 흐리기도 했다. 참을성 있게 내 이야기를 끝까지 들어준 간호사는 웃는 얼굴로, "Welcome to Mother's World"라고 말하고는 병실 문을 나섰다. Mother's World. 그때까지만 해도 나는 그런 세상은 단 하루뿐일 거라고 생각했다. 내 아이는 육아 서적에 나오는 사진 속 아이처럼 만세 자세로 곤히 잠만 자는 아이라고 여전히 믿고 있었다. 왜냐? 진짜 엄마의 세계(Mother's World)에 대해서는 엄마도, 언니도, 먼저 아이를 낳은 친구들도 말해준 적이 없으니까. 아니면 내가 귀담아듣지 않았거나.

어쨌든 지금 이 책을 읽고 있는 여러분에게는 들려주고 싶다.

"Welcome to Mother's World!"

엄 마 가 된 다 는 것 , 걱 정 걱 정 의 시 작 !

우리 아기, 살아 있는 거 맞지?

Q 출산 후 집에 돌아온 첫 날 밤 무슨 생각을 했나요?

😀 태어난 지 18일 되는 날 아이와 집에 왔답니다. 아이와 한 공간에서 자는 게 처음이었지요. 그날 강력하게 든 생각은 '아기가 자다가 숨을 안 쉬면 어떡하지?'였답니다. 정말 바보 같은 생각이지만, 그 당시엔 너무 무서워서 밤새도록 방 안의 불을 환히 켜고 자면서 수시로 일어나서 아기가 숨을 쉬나 안 쉬나 봤었어요. 아마 아이도 환한 방에서 잠들기 괴로웠겠죠? 바보 엄마 -- (ㅅㅎ맘)

😀 집에 데려왔을 때 아기가 이렇게 많이 우는 줄 처음으로 깨닫고 깜짝 놀랐어요. 조리원에 있던 생후 2주까지는 먹이기만 하면 울 일이 별로 없잖아요. 아이 울음에 익숙해지는 데 몇 주 걸렸답니다. 고작 세 달 전 이야기인데 까마득하네요. ㅋㅋ (ㅈㅎㅇㅁ)

😀 아~무 생각할 틈도 안 주고 울어댔던 ㅎㅇ이. ^^ (ㅎㅇ맘)

😀 자다 숨은 쉬고 있나 확인하고 그랬던 것이 생각나요. 가끔 오래 자면 이거 괜찮나 숨 쉬는 거 확인하고. ㅋㅋ(ㄷㅎㅈㅎ맘)

😀 숨소리조차 안 내고 잘 땐 정말 숨 쉬고 있나 걱정 많이 했었는데, 다들 비슷하군요~ (ㄸㄱ엄마)

😀 저도…… 매일 밤 숨 쉬나 확인해요. (ㅈㅇㅇㄴ)

😀 첫날은 너무나 잘 자줘서 숨은 쉬고 있나? 수시로 확인했죠. ㅋㅋㅋㅋㅋㅋ 근데 첫날만 잘 잤던 거더라구요. ㅎㅎ(ㅌㅎ맘)

😀 저도 그래요. 둘째를 낳았어도 가끔씩 두 녀석 숨은 쉬나, 자다가 숨소리 들어요. (ㄷㅎㅇ맘ㅂㅅ)

😊 저는 아기 안지도 못했어요. 어떻게 될까봐…… 잘 때도 자꾸 확인하고. 엄마들 다 똑같겠죠? 특히 초보맘들은. 지금은 계단 내려갈 때 혹시 떨어뜨릴까봐 완전 조심조심.ㅋㅋㅋ(ㅅㅈ엄마)

"그러면 당신은 아픈 거예요"

퇴원을 하는 마지막 날, 산부인과 의사가 침대 끝에 걸터앉으며 말했다.

"어쩌면 퇴원하고 나서 모든 게 귀찮고 힘들게 느껴질 수 있어요. 예뻐야 할 아기도 예쁘기는커녕 부담스럽기만 하고, 세상에 혼자밖에 없는 것 같은 기분이 들어서 '난 정말 나쁜 엄마구나' 하는 생각만 들 수도 있어요. 아주 나쁜 마음을 먹을 수도 있고요. 그렇지만 이런 마음이 들어도 정말 나쁜 엄마여서 그런 게 아니에요. 출산 후에는 호르몬 조절이 어려워요. 자기의 감정 조절이 쉽지 않지요. 이런 증상이 심하게 나타나면, 그러면 당신은 아픈 거예요. 약을 먹으며 도움받아야 할 수도 있어요. 나쁜 엄마라 그런 게 아니니, 이런 생각이 들면 나한테 전화하면 돼요. 그리고 이야기를 하고 약을 먹어야 할지 그냥 견뎌도 좋을지 내가 판단할 거예요. 혼자 고민하지 마세요. 언제든 전화를 주세요."

이런 말을 해주다니, 참 좋은 의사를 만났다. 그렇지만 당시에는 이 말이 전혀 이해가 되지 않았다. 애를 낳았으니 기쁘고 즐겁기만 할 텐데 말이다.

훗날 의사가 말한 것만큼 절박하지는 않았지만, 나도 나름대로의 죄책감과 우울함을 느낄 때가 있었다. 혼자 아이 젖을 먹이다 보면 눈물이 뚝뚝 떨어지는 때도 있었다. 그러면서도 이런 시기를 수월하게 넘길 수 있었던 것은, 의사가 '출산 후에는 호르몬 조절이 잘 안 돼 감정 조절 또한 어려울 수 있다는 것'을 미리 예고해준 덕분이었다. 무엇보다 내 이야기를 들어줄 사람이 있다는 걸 의사가 알려주었던 것이 큰 위로가 되었다.

몸이 아프거나 마음이 아플 수도 있고 몸과 마음이 모두 아플 수도 있다. 어디가 아프더라도 그건 나쁜 엄마의 징표가 아니다. 순간순간 "내게 이런 면이 있었나?" 하고 슈퍼우먼 같은 힘이 나올 때도 있지만, 엄마가 되었다고 해서 갑자기 슈퍼우먼이 되는 일이 여러분에겐 일어나지 않을 수도 있다. 적어도 나에겐 일어나지 않았다.

"아기도 사람이에요"

내가 있던 곳은 한국과 달리 조리원이 드물어서 출산 후 사흘째 되던 날 집으로 퇴원했다. 아기와 함께 집으로 돌아갈 때는 얼마나 뿌듯하고 자랑스럽던지…….

그런데 집에 돌아온 지 얼마 지나지 않아 아이가 울기 시작하면서 상황이 급변했다. 병원에서는 급하면 도움을 요청할 사람이 있었는데 집에서는 이제 모든 게 내 책임이었다. 아이의 울음소리가 너무 새롭고 당황스럽고 긴박했다. 아기의 울음소리는 "빨리 처리해줘!" 하고 외치는 경보였고, 아기가 울면 무슨 일이든 빨리 처리해서 해결해줘야 했다.

좀체 달래지지도, 재워지지도 않았다. '방법'이 절실했던 나는 책을 읽기 시작했다. 출산 후 병원에서 쥐여준 수백 페이지에 이르는 책자와 잡지를 읽던 중 한 선배맘이 《베이비 위스퍼》라는 책이 구원이었다는 한 줄 찬사를 써놓은 것을 발견했다. '이 책에 아기 잠투정에 대처하는 내용이 있구나!' 당시 남편이 유학생이라 책을 살 경제적 여유가 없어서, 도서관에 가서 책을 빌려왔다.

그 책을 읽는 내내 방망이로 뒤통수를 얻어맞은 것 같은 기분이 들었다. 나는 아기 잠투정을 고치고 싶어서 책을 읽기 시작했고 실제 잠투정에 대한 글도 인상적이었다. 하지만 무엇보다도 나를 놀라게 했던 것은 모두가 다 알고 있고 나도 알고 있던 것인데도 미처 실감하지 못했던 "아기도 사람"이라는 사실이었다.

기저귀를 갈기 전에도 양해를 먼저 구하고 목욕을 할 때도 이제 무엇을 할 예정이라고 하나하나 미리 말해줘야 하는, 사람이라는 것이다. "아기에게 많이 말해주세요"라고 할 때의 의미는, 아기가 '말해주는' 사람이 아니라 '대화를 주고받는' 사람이라는 것이다. 물론 아기는 아직 말로 대화를 주고받지 못한다. 몸짓으로 대화를 이어나간다. 아기가 말을 하지 못하더라도 아기의 몸짓을 잘 관찰하고 살펴보면서 '아기와 대화' 하라는 것이었다.

내가 이때 받았던 충격을 남들에게 이야기하면 의외로 담담한 반응이 돌아오곤 한다. 다 아는 거란다. 당연하다고 한다. 나만 충격으로 받아들였나? 나만 아기가 사람임을 인지할 틈 없이 그저 아기 울음에 대응해주느라 바빴던 것일까? 이 책을 읽는 여러분은 어느 쪽인가?

어쨌든 아기는 사람이다. 살아 있는, 존중받아야 하는 사람이다. 태어난 그 순간부터!

엄 마 가 된 다 는 것 , 걱 정 걱 정 의 시 작 !

대체 어떻게 대처해야 하지?

Q 출산 후 집에 돌아온 첫 날 밤 무슨 생각을 했나요?

빨간 얼굴로 용쓰면서 울면 혹시 무호흡 증상이 재발되는 거 아닌가 싶고, 빨리 낳아주지 못한 엄마라 너무 미안해서 울기도 많이 울었어요. 지금은 그런 적이 있었나 싶을 정도로 서로 대범해졌지만요. ㅋㅋ(ㅇㄱ맘)

전 병원에서 퇴원하자마자 바로 왔는데, 무서웠어요. 어떻게 해야 할지 몰라서 산후도우미 아주머니 퇴근한 후에는 안절부절

못했죠.ㅋㅋㅋ(ㄷㅈ맘)

👶 아기가 자다 토하면 기도 막힐까봐 제일 무서웠다는…ㅋㅋㅋ (ㄷㅇ맘)

👶 저는 첫날 방에 불을 못 끄고 잤다죠. ^^; 지금 생각해보면 왜 그랬나 몰라요.ㅋㅋ(ㅅㅎ맘)

👶 전 제가 몸부림치다가 깔아뭉개면 어쩌나 걱정했었죠. -_-;; (ㅅㅎ맘ㅎㅅ)

👶 첫아이 땐 저도 그랬어요. 손을 올려놓기도 조심스러웠죠. 너무 작아서 숨소리도 확인하고. 저는 첫날부터 같이 자서 그냥 잠이 안 왔어요.^^(ㅇㅅㅎㅅ맘)

👶 저도 그랬어요. 잘 때 조용히 나와서 쉬다가도 몇 번씩 들어가 숨 잘 쉬고 있는지 확인하고. 밤에는 더했죠. 거의 뜬눈으로 새우며 잘 자나 옆에서 지켰었답니다. (ㅎㅇ맘)

2

당혹, 걱정, 불안
그리고 기쁨, 마더쇼크

엄마가 되는 길은 멀고도 험난하다

"Welcome to Mother's World", "그러면 당신은 아픈 거예요" 그리고 "아기는 사람이에요". 이 세 가지 말이 아이와 첫해를 보내는 동안 큰 버팀목이 되어주었다. 우리 아기만 밤새 푹 자지 않는 게 아니고 나만 힘든 게 아니라는 것, 내가 나쁜 엄마인 게 아니며 심하게 우울하다면 의사의 도움이 필요한 상태라는 것, 그리고 아기는 내가 존중해야 할 사람이라는 것. 이 세 가지 의미가 왜 그렇게 나에게 큰 지침이 되었을까?

출산 전 육아 서적을 두어 권 읽었지만 막상 아기를 낳고 나니 그

상황이 얼마나 긴박하고 당황스럽고 새로운지 마치 밤길에 헤드라이트를 만난 사슴처럼 충격적이었다. 조심조심 다니던 길에 느닷없이 나타난 헤드라이트 불빛을 보고 놀란 사슴의 눈을 떠올려보면, 그 시절의 당혹감을 얼추 그려볼 수 있을 것이다.

'이렇게 내가 경험하지 못한 분야가 있구나! 순식간에 결정을 내리고 행동을 해야 하는구나! 나의 순간적인 결정이 나 아닌 다른 사람에게 커다란 영향을 줄 수 있구나! 암만 노력해도 안 되는 일이 있구나!'를 깨닫게 되는 것이다.

"오늘로 8주를 시작하는 아기 덕에 저는 우울증에 걸렸어요. 모유수유 중인데 체력적으로 너무 달리고 식욕도 바닥이고요. 이러다 정말 쓰러질 것 같아요. 낮에 안 재우려고 기를 써봐도 안 되고 저도 너무 힘드니 내버려두게 돼요. 저 좀 도와주세요, 제발. 아기가 예쁘긴 한데 육아 때문에 너무 우울해요. 괜히 낳았나 싶을 정도예요."

"조리원에서부터 산후우울증 증세가 시작되더니 점점 심해집니다. 다른 사람들은 나보다 어릴 때 아기를 낳았는데도 잘 키우고 잘하는데 왜 나만 이러는 걸까. 유별난 걸까. 그런 생각에 더 괴롭고 어디다 얘기하기도 창피하네요."

아기가 뱃속에 있을 때만 해도 엄마로서의 내 모습은 얼마나 여유롭고 자신만만하고 우아했는지 모른다. 따스한 햇살 아래 만세를 부르며 고요히 나비잠을 자는 아기 옆에서 커피잔을 들고 잡지를 넘기고 있는 모습이었다. 그런 모습을 꿈꾸며 아기가 태어나기만을 기다렸다.

그런데 아기가 태어나는 순간부터는 내가 '내가 아닌' 상태가 된다. 우아함은 그려볼 수도 없다. 예측하지 못했던 숱한 일들이 한꺼번에 터진다. 책에서는 분명 수유는 3시간에 한 번쯤 하면 된다고 했는데, 30분 전에 젖 먹은 아기가 또다시 젖 달라고 운다. 울다가 방금 먹은 젖을 토해낸다. 아기 옷도, 내 옷도 젖는다. 순식간에 결정해야 할 일이 생긴다. (나도 정말 몰랐다. 신생아 시기의 모유수유라면 더 자주 먹여야 한다는 것을. 3시간 전에 먹은 아기가 왜 우는지 몰라, 하염없이 바라보기만 했던 일이 한두 번이 아니었다.)

'30분 전에 수유했는데 아기가 또 우는 것은 배가 고파서일까, 아닐까? 옷이 젖었는데 안 갈아입히면 감기에 걸릴까? 갈아입힌다면 수유가 먼저일까, 옷을 갈아입히는 것이 먼저일까? 내 옷까지 갈아입을 동안 아기가 울음을 참을 수 있을까?'

순식간에 이런 물음에 대해 결정을 내려야 한다. 그것도 으앙으앙 우는 아기 울음 속에서……. 결혼을 하고 아기까지 가진 사랑받는 여자였던 나는, 아기가 태어난 순간부터는 빠른 결정을 강요당하며 여자로서의 모습을 잃게 된다. 여자는 둘째 치고 자아를 잃어버린 것 같기도 하다. 그야말로 '마더쇼크'를 겪는 것이다.

한번은 〈아기와의 즐거운 속삭임〉 회원들을 대상으로, 꼭 고치고 싶었던 습관에 대해 질문해본 적이 있었다. 많은 답변이 있었지만 그중 절대 공감했던 이 답변.

"고쳐야 할 버릇은 아니지만요, 아기 돌 전에 제가 잊지 말아야겠다고 냉장고에 붙여놨던 게 있어요. '아기가 낮잠 자면 해야 할

일- 밥 먹기, 세수하기, 양치하기, 청소, 시간 남으면 커피 한 잔.' 지금 생각하면 너무 웃기지만 절실했던 해야 할 일 목록!"

양치하고 세수하는 것조차 메모를 붙여놓고 시간을 따로 내야 하는 시기, 그 시기가 바로 아기를 둔 시기다.

어른들 말씀에 "백일이 지나면 수월해진다" 하니, 백일쯤 후에는 다시 사람으로서, 여자로서의 자기 사신을 찾고 싶겠지만, 그러지 못할 수도 있다. 다시 여자로서의 나를 찾을 수 있는 시기는 훨씬 늦어질 수도 있다. 안타깝지만 사실이다.

물론 엄마가 된다는 것에는 부정적인 쇼크만 있는 건 아니다.

"밤새 열 번도 넘게 깬 아기. 그래도 아침에 날 보고 배시시 웃으니 예쁘긴 또 엄청나게 예쁘더군요."

아기의 이런저런 모습이 어찌나 사랑스러운지. 물론 편안하게 잠든 모습일 때 더 사랑스럽지만 엄마가 된다는 것의 기쁨이 바로 이것이구나 싶을 정도로 어여쁘다. 자다가 흔히 배냇짓이라고 하는, 씩 웃음 짓는 행동을 할 때는 '아, 행복 호르몬 주사가 있다면 바로 이것이겠구나' 싶고, 눈을 말똥말똥 뜨고 엄마를 알아보고 이도 없는 잇몸을 다 보이며 활짝 웃을 때면 온몸이 사르르 녹는다.

아이를 낳고 나면 부모님께 감사하는 마음이 절로 생긴다고 하던데, 나는 그 반대의 마음부터 들었다. 언젠가 부모님 앞에서 이런 말을 한 적 있다.

"아이 낳고 나면 부모님께 감사한 마음이 든다던데, 저는 오히려 엄마아빠가 저한테 고맙다고 해야 하는 거 아닌가 생각해요.

애가 어찌나 예쁜 짓만 하는지, 저도 엄마아빠한테 그랬을 거 아니에요?"

이런 어이없는 말을 듣고 아버지는 "허허, 그 말도 맞다" 하며 웃으셨고, 엄마는 피식 웃음만 흘리셨다.

'나는 나중에 엄마가 되어도 절대 애한테 쩔쩔매지 않을 거야' 했던 막연한 허세가 아기 웃음에 무너져내렸다. 할 수 있다면 다 해주고 싶다. 눈곱 끼고 콧물 나고 침 질질 흘리는 모습조차도 예쁘다. 이렇게 예쁜 순간을 좀 더 길게 간직할 방법만 있더라도 아이 키우는 게 좀 수월해지지 않을까 싶을 정도로 아기의 예쁜 순간의 감동은 이루 말할 수 없다. 스파이 영화에나 나올 법한 카메라 안경이 있어 아기를 바라보고 있다가 예쁜 짓을 하는 순간이면 바로 그때를 찍어놓을 수 있으면 좋겠다 생각한 적이 한두 번이 아니다.

이런 소중한 경험들이 마더쇼크 이퀄라이저(equalizer)가 되면 다행스러운 일이다. '우리 애만 이래'라는 좌절감과 '엄마는 이런 사람이어야 한다'는 부담감은 낮추고 아기도 사람이라는 인식과 아기가 주는 감동은 높여서 육아의 부담과 기쁨을 등가치환하는 것이다. 아이와 함께 생활하는 데 조금이라도 도움이 될 수 있다면, 그래서 엄마 됨의 기쁨을 찾을 수 있다면 더없이 좋겠다.

이게 바로 육아의 긍정적인 면, 기쁨과 사랑의 충격이다. 이뿐 아니라 아기로 인해 얻어지는 부수적이지만 너무도 소중한 긍정적인 측면들은 한두 가지가 아니다. 경험해보면 금방 알게 될 것이다.

　　　　　　　　　　　　　　　　　느림보 수면교육

"우리 애만 이래"   엄마는 이런 사람   아기도 사람이라는   이때의
좌절감은   부담은   인식은   감격은

낮추고   낮추고   높이고   높이고

〈마더쇼크 이퀄라이저〉

또 하나의 마더쇼크, 남편 or 남 편?

새로운 아기와의 생활만으로도 힘에 겨운데 또 하나 충격적인 일이 있다. 내 편인 줄 알았던 남편이 남(의) 편처럼 느껴지기도 한다는 점이다.

"당신이 뭐가 힘들다고 그래? 우리 엄마는 그렇게 애 셋을 키우며 일도 하셨어. 거기다 시부모님도 모셨다고."

나는 그저 힘들다는 하소연을 하고 싶었을 뿐인데, 졸지에 자기 엄마와 비교당하는 신세가 된다.

"그렇게 애를 울려야겠어? 아기니까 우는 건 당연한 거잖아!"

"그렇게 힘들면 수면교육 해!"

아기의 울음에 지친 아내, 그 아내의 불평에 지친 남편.

도와주지는 못할망정 원망스러운 남편

Q 아기를 낳고 나서 남편과는 잘 지내나요?

😊 젖을 못 먹어서 아기가 저렇게 많이 우나 걱정을 했더니, 책 세 권을 사왔더군요. 내게 진정 필요한 것은 휴식과 잠자는 시간인데, 남편은 저더러 책 세 권을 읽고 문제가 무엇인지 파악하랍니다. 책 한 권이라면, 그래, 이해하자 했을 겁니다. 그런데 세 권이라니요!(ㅇㅈ맘)

😊 우리 신랑은 중딩 사춘기 소년이구나. 자기만 사랑해주길 바라고 자기만 바라봐주길 바라고 자기만 사랑받기 원하는. 그런데 그런 말 하기는 좀스럽고 어른이니까, 그러니까 그냥 작은방에 들어앉아 똑똑 노크해주길 내내 기다리는구나. 잔소리도 하고 애교도 엄청 피우고…… 겉으론 안 그런 척해도 속으론 그래주길 바라는구나.(ㄴㄹ맘)

아내의 관심이 자기로부터 멀어진 것에 대한 묘한 질투를 느끼기도 한다.

아기가 태어나고 나면 부부 관계가 달라진다. 나만 애 돌보고 가사까지 도맡아해야 한다는 불공평함을 느끼게 되는 때도 있을 것이다. 아기 돌보는 것만으로도 정신없는데, 출산 전의 로맨틱한 시간을 요구하는 남편을 거부하게 되는 때도 있을 것이다.

이전에는 남편과 아내의 일대일 관계였다면 이제는 아기를 포함한 삼각관계가 형성된다. 그래서 이전보다 훨씬 더 의사소통이 중요해진다. 출산 초기에는 아내 자신이 호르몬 조절이 힘든 데다 아기 돌보는 것으로 피곤한 상태이기 때문에 원치 않은 방향으로 대화가 흐르는 경우가 생긴다. 물론 남편도 아기가 생기면 호르몬 변화가 생긴다고는 한다. 그렇지만 출산으로 인한 여성의 신체 변화와 비교할 수 있을까. 커피도, 식사도, 화장실도 마음대로 할 수 있는 남편과, 끼니를 거르더라도 좀 더 자고 싶은 욕구를 누르고 모유의 양이 줄까봐 억지로 챙겨먹고 화장실도 참다 참다 아기를 안은 채 가야 하는 아내의 입장이 같다고 할 수 있을까. 적어도 출산 초기는 아내가 훨씬 힘들다.

아프리카 속담에 "아이 하나를 키우는 데 온 마을이 필요하다"는 말이 있다고 한다. 지금의 사회를 보자. 온 마을이 어디 있는가. 온 가족도 기대하기 어렵다. 심지어 야근 때문에 늦은 퇴근을 할 수밖에 없는 아빠의 사정상, 엄마 혼자 온 마을을 고스란히 담당하고 있다 해도 과언이 아닌 경우가 허다하다. '독박육아'라는 말이 괜히 나온 게 아니다.

사랑스러운 아기 때문에 의견 충돌이 생기고 '내가 이런 사람을 믿고 결혼했나' 하며 한심할 때도 있을 수 있다. 그러나 이럴 때는 앞으로 결혼생활을 유지하는 데 흔치 않을 위기상황 중 하나임을 서로 인식하는 것이 좋다. 이런 급작스러운 시기는 곧 지나가고, 남편도 아내도 새로운 사람을 식구로 맞은 것에 익숙해지는 순간이 다가오기 때문이다.

아기를 낳기 전에는 잘 몰랐는데, 남자는 문제 해결 중심의 대화에 익숙하고, 여자는 공감 중심의 대화에 익숙하다는 말이 이해가 간다. 그만큼 아기와의 첫 대면이 힘든지라 더더욱 공감해줄 사람이 필요하기 때문일 것이다. 그러니 그저 힘든 것을 하소연하고 싶은 것일 뿐 해결책을 바라는 게 아닐 때는 "그냥 들어주기만 해요. 어떻게 하라고 조언하려 들지 말고"라는 말을 미리 하고 하소연을 시작하는 것도 좋다.

아기를 낳고 나서 달라진 부부간의 의사소통은, 훗날 나와 내 아이 간의 의사소통을 엿볼 수 있는 잣대가 될 수 있다고 생각해도 좋을 것이다. 그때는 아마 내 아이가 지금의 아내와 같은 입장일 것이다. 부모들은 지금의 남편처럼 걸핏하면 조언을 하거나 불평을 하고 방향을 잡아주려 들 테고. (이 글을 쓰다 보니 지금 초등학교 5학년인 큰애 생각이 난다. 아이는 나름 하소연이나 희망사항을 말하고 싶을 때 "엄마, 그냥 내가 하는 말만 들어줘. 뭐라고 하지는 마. 나도 안 되는 거 아니까"라고 먼저 경고한다. 그런 경고를 듣고 나서도 나는 해줄 필요 없는 충고를 하곤 한다. 쓸데없는 충고인데 말이다.)

남편과의 관계에 대해서 두 가지만 더 말하고 싶다. 절대 아이보다 남편이 우선일 거라던 다짐이 아기의 울음 앞에 무너지더라도 너무 좌절하지 말았으면 좋겠다. 지금 당장은 나 없으면 큰일 나는 한 생명을 품에 안고 있다. 남편이 우선이라 다시 확신하게 되는 건 어려울지 모르지만, 적어도 지금처럼 아기만이 내 삶을 좌지우지하는 시기는 곧 지나간다. 균형을 찾아갈 것이다.

그리고 마지막으로, 남편과 육아관이 비슷한 것은 육아의 보너스다. 하지만 육아관이 같지 않다고 해서 마이너스는 아니다. 오히려 같지 않은 생각을 가지고 조율하며 이해하는 모습을 아이에게 보여줄 수 있다면, 그게 더 큰 보너스가 될 수도 있다.

3

완벽한 엄마, 못난 엄마, 괜찮은 엄마

난 평범한 사람이지만 완벽한 엄마가 될 줄 알았다. 아니, 완벽한 아기의 완벽한 엄마가 될 줄 알았다고 해야 할까? 잘 울지 않고 방긋방긋 웃는 아기의 엄마, 뭐든 잘 먹는 아기의 엄마, 떼쓰는 일도 거의 없는 아기의 엄마, 표정만 지어도 아기의 의중을 알아내는 엄마. 그리고 아기를 너무너무 사랑하는 엄마.

그런 엄마가 될 줄 알았는데, 이 소박한 줄로만 알았던 소망은 아이가 태어난 지 불과 몇 시간 만에 좌절되고 말았다. "Oh, My God! 세상에! 내 아이를 내가 달랠 수가 없다니!", "누가 엄마는 아기 울음을 들으면 다 안다고 했어? 누가 애는 낳아놓으면 알아서 큰다고 했어?" 아마 아기가 태어난 후 몇 주간은 적어도 이와 비슷한 감정을 느낄 것이다. (이 글을 읽어도 여전히 완벽한 아기의 완벽한 엄마를 상상하는 예비맘도 분명 있겠지만.)

백일쯤엔 이런 감정이나 힘든 부분이 많이 줄어들 복 받은 엄마가 대부분일 테지만, '백일의 기적'은커녕 '기절'이 오는(다섯 중 한두 명은 아마 그럴 것이다) 나 같은 엄마도 있을 것이다. 그러나 복이 많은 엄마라 하더라도 아기의 모든 울음을 다 달랠 수는 없다. 모든 울음을 달래는 게 가능한 것도 아니고 꼭 필요한 것도 아니다. 더 많은 울음을 달랠 수 있다면야 좋겠지만, 아기를 달래는 게 늘 가능하진 않다.

종교에서는 신을 종종 어머니로 비유하곤 한다. 엄마가 되고 나서는 신을 어머니로 비유하는 것은 오이디푸스콤플렉스, 즉 남자의 엄마에 대한 환상에서 비롯한 게 아닐까 의심도 든다. 신도 나처럼 자식의 울음을 달랠 수 없을 때도 있고, 그래서 때때로 무기력함을 느낄까?

엄마는 신이 아니다. 완벽하지도 않다. 이를 실감하게 되면서, 자칭 '못난 엄마'나 '나쁜 엄마' 또는 '나는 악마'라 자책하는 엄마도 많다.

"못난 엄마가 (아기의) 바뀐 패턴을 빨리 찾아주지 못해 아기가 고생하는 것 같아 미안하네요."

"제 아기의 배고픈 울음소리를 아직도 가늠 못하는 못난 엄마예요."

"뒤로 많이 넘어졌거든요. 흑흑. 잘 봐줬어야 하는데, 못난 엄마의 불찰로……."

"내가 아팠던 게 대상포진이었던 걸 의심하고도 그냥 방치한 결과 아이에게 수두를 옮긴 이 못난 어미를 어찌해야 할지……."

"헤모글로빈도 9점밖에 안 되고……. 하루에 철분제 1밀리리터씩 먹이라고 하네요. 이 작은 녀석이 그동안 얼마나 힘들었을까 생각하니 맘이 너무 아프고 못난 엄마라 그저 미안하기만 해요."

내과의사가 아니라서 엄마 자신이 아픈 것도 몰랐으니 '못난 엄마'가 되고, 소아과의사가 아니라서 아기의 철분 수치를 알지 못했으니 '못난 엄마'가 되고, 아기의 성장 발달을 꿰뚫는 발달심리학자가 아니라서 아기 이빨이 올라오는 것도 몰랐으니 '못난 엄마'가 된다.

평범했던 우리가 단지 아기를 낳았을 뿐인데, 각종 전문 직업인이 되지 못한 것이 아쉬워 '못난 엄마'가 된다. 하지만!

여러분과 나, 우리 엄마들은 신도 아니고 여러 가지 전문직 자격증을 다 가진 슈퍼우먼도 아니다. 엄마가 되고 보니 이전에는 전혀 몰랐던 집중력과 인내력을 발휘하는 순간이 가끔(아주 가끔?) 있긴 하다. 하지만 겨우 그 정도로는 우리는 신이 될 수도, 슈퍼우먼이 될 수도 없다. 그저 예전보다 조금, 아주 조금 더 나은 사람이면 다행일 것이다.

어느 때는 아기의 욕구를 잘 충족시켜주다가, 어느 때는 의도적으로 또는 전혀 의도치 않게 아기의 욕구를 채워줄 수 없는, 그런 보통 엄마의 모습도 괜찮은 엄마의 모습이다.

1950년대의 정신분석과 의사 도널드 위니컷(Donald Winnicott)도 아기에게 필요한 것은 완벽한 엄마가 아니라 자신 내면의 소리에 충실한, 이만하면 괜찮은 엄마라고 했다. 이만하면 괜찮다. 아기 욕구를 다 알아차리지 못해도 괜찮다.

다만, 중요한 건 마디쇼크에 빠져 허우적댄 시간이 없다는 것. 쇼크에 빠진 순간에도 해야 할 일은 해야 하고 이해할 것은 이해해야 한다. 아기의 첫 백일간이 마더쇼크가 가장 극심한 때이다. 엄마뿐이겠는가. 아기의 쇼크는 또 어떠하랴.

⋮

백일간의 울음

⋮

아기는 당신이 생각한 것보다 훨씬 문젯덩어리이고
당신이 꿈꾼 것보다 훨씬 경이롭다.

찰스 오스굿(Charles Egerton Osgood)

1

아기와 성인의 가장 큰 차이점

아기와 만나 처음 엄마가 되고 아이 아빠의 아내가 되는 충격적이면서도 달콤한 경험과 더불어 우리는 바로 현실에 뛰어들게 된다. 아기도 사람이다. 그렇지만 어른처럼 행동하길 기대할 수는 없다. 가장 커다란 차이는 바로 아기는 '운다'는 것! 배고파도 울고, 잠이 와도 울고, 기저귀가 젖어 불편해도 울고, 몸이 아파도 운다. 우는 대신 웃어준다면 얼마나 좋을까마는, 아기는 운다. 그것도 아주 많이 운다.

아기가 울면, 아기의 얼굴과 행동을 보고 울음의 원인을 짐작해야 한다. 가능한 답을 머릿속에 객관식으로 작성하고 1번부터 차근 차근 해본다. 운이 좋아 머릿속에 작성한 객관식 문항 안에 정답이 있으면 다행이지만, 절대로 정답을 찾을 수 없을 때도 있다. 어쩔 수 없이 쩔쩔매다가 아기가 제풀에 지쳐 잠들 때도 있다.

울음이 아기와 어른의 가장 큰 차이점이다.

"공갈젖꼭지를 물리면 더 심하게 울며 뱉어내고, 45분 간격으로 자고 일어나선 젖 달라고 울어요. 움직이고 안아주고 놀아줘도 젖 물리기 전까지 울음을 안 그쳐요."

왜 이렇게 많이 울까?

간단히 말하자면, 아기의 신경시스템이 예민해서 그렇다. 생존에 위험을 느끼면 부모에게 신호를 보내 자신을 보호하도록 해야 하는데, 이 위험감지 안테나가 너무 예민해서 별것 아닌 신호에도 위험이라고 감지하고 삑삑 경고하는 것과 마찬가지인 셈이다. 조금만 배고파도 위험감지 안테나가 경보를 울린다. 조금만 졸려 기분이 나빠져도 경보를 울린다. 조금만 분유 온도가 달라도 경보를 울린다. 조금만 젖이 늦게 나와도 경보를 울린다.

그렇게 민감했던 위험감지 안테나도 아기가 성장해가며 점점 무뎌진다. 살짝 배고프면 엄마가 곧 젖이나 젖병을 준다는 것을 많이 경험해봤기 때문에 일단 기다려본다. '아, 이 정도는 별거 아니었구나. 금방 해결되는 문제였구나' 하고 깨달아가는 것이다. 경험을 쌓으며 경보시스템이 조금씩 무뎌진다. 중요하지 않은 경보신호는 무시한다.

심리학자 에릭 에릭슨(Erik Erikson)은 인간의 심리사회적 발달단계를 8단계로 나누었는데, 그중 아기는 첫 두 해 동안 세상에 대한 신뢰감을 얻느냐, 불신감을 얻느냐를 결정한다고 한다. 이 시기에 아기가 울어서 (주로 엄마로부터) 원하는 것을 얻고 욕구가 충족되면, 자신이 살아가야 할 이 세상이 안전한 곳이라고 신뢰하게 된다는 것이다. 그는 인간의 자아 형성에 가장 기본이 되는 덕목을 '신뢰' 라고 보고 있다.

내가 울면 도움을 줄 사람이 있다는 신뢰감. 미숙한 신경시스템 이지만, 아기가 발달함에 따라 욕구가 충족되는 과정을 배우고 엄마나 세상을 신뢰할 경험을 쌓아가는 것이다.

2

자궁 밖의 태아

그런데 궁금한 것이 있다. 왜 아기는 이렇게 신경시스템이 미숙한 것일까? 뱃속에서 충분히 자란 다음에 태어났더라면 좋았을 것 아닌가! 이에 대해서는 노트르담대학의 인류학 박사 제임스 맥케나(James McKenna) 교수의 설명이 가장 멋지다.

좁아진 골반으로는 아기의 큰 두뇌가 나오기 힘들다 보니 좀 더 일찍 태어난, 두뇌가 작은 아기들의 생존률이 더 높아지게 되었다. 이 과정이 오랫동안 반복되면서 출산이 3~4개월 정도 빨라질 수밖에 없었다는 것이다.

그래서 출생 후 첫 3개월은 임신 4기, 즉 임신 말기로 볼 수 있다

　　　　　　　　　　　　　　　느림보 수면교육

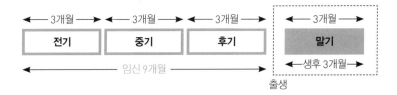

← 3개월 →	← 3개월 →	← 3개월 →	← 3개월 →
전기	중기	후기	말기

〈임신 4기-전기, 중기, 후기, 말기〉

는 것이다. 뱃속에 있어야 할 태아가 자기 두개골 크기와 엄마 골반 크기를 따져보아 생존의 확률을 높이는 방향으로 일찍 태어난 셈이라, '자궁 밖의 태아' 상태로 지내게 된다는 것이다.

그래서 이 '자궁 밖의 태아'인 백일 이전의 아기에게 안정감을 주려면, 자궁에서의 환경을 재현해주면 된다. 자궁 밖의 태아라서 참 어설픈 것이 많다. 그중 하나가…… 까다로운 아기를 가진 엄마라면 더없이 익숙할 이 말에 잘 드러나 있다.

"안아주다 보니 잠든 것 같아서 바닥에 내려놓으면 귀신같이 알고 깨요."

어떻게 바닥에 내려놓았는지 귀신같이 알고 깰까? 육아 웹툰의 원조라 해도 과언이 아닌 겸이맘은 이런 아기를 '등짝맨'이라고 표현했다(등짝맨, 등짝센서라는 단어가 여기서 나왔다). 아기는 왜 '등짝맨'이 될 수밖에 없는가. 이것도 인류학자 입장에서 보면 명백하다.

아기는 몇 가지 반사반응을 가지고 태어난다. 아주 흔히 알려진 반사반응 중 하나가 '빨기 반사반응'이고, 여기서 얘기하려는 것은 또 다른 반사반응인 '모로반사'라는 것이다. 이 반사반응 때문에 아기의 등이 바닥에 닿을 때 깜짝 놀라 양팔을 벌려 움켜쥐려고 하는 것이다.

여러분도 알다시피, 영장류 아기는 다른 동물에 비해서 더 연약하다. 〈TV 동물농장〉 같은 프로그램에서 막 태어난 망아지나 송아지들이 불과 몇 분 사이에 비실비실 걸으려 하는 모습을 종종 봤을 것이다. 하지만 영장류 아기는 사람처럼 몇 년 동안을 엄마 품에 안겨 자란다. 엄마 품에서 떨어지면 영장류 아기는 생존에 위협을 받게 된다. 그래서 엄마에게 '엄마! 나 떨어졌어요. 구해주세요!'라는 신호를 보내는데, 그게 바로 모로반사라는 것이다. 등이 바닥에 닿는 기분은 엄마 품에서 떨어지는 기분이라서 엄마를 움켜잡으면서 구조신호를 보내려고 하는 것이다.

아기가 팔을 벌려 움켜쥐는 장면은 아기를 바닥에 내려놓을 때나 목욕을 시키기 위해 물속에 내려놓을 때 자주 목격할 수 있다. 어른들의 성격이 다양한 것처럼 바닥에 내려놓을 때 뭔가를 움켜잡으려는 시늉은 해도 울지 않는 아기가 있는가 하면, 세상 끝난 것처럼 울음을 터뜨리는 아기도 있다.

흔히 어른들이 말씀하시는 '손 탄 아기'라서가 아니다. 사실은 '엄마! 나 떨어졌어요! 나 구해주세요!' 하는 신호를 보내려고 만들

〈눕히려면 팔을 바둥거리며 거부하는 아기〉

느림보 수면교육

어진 모로반사 때문이다. 산업화된 현 인류사회에서는 이런 위험 신호가 별로 필요 없으니 아직 퇴화하지 않은 아기의 본능이라 볼 수 있다. 이 모로반사가 만 3~4개월을 기점으로 사라지기 시작하는데, 마치 '백일'을 정해놓고 아기가 달라지기 시작하는 것처럼 여기게 되는 것이다.

'손 탄 아기'가 모로반사 본능 때문이라는 것을 안다 해도 엄마들은 궁금하다. 그래도 혹시 손 탄 아기를 안 만드는, 적어도 덜 만드는 비법은 없을지. 비법은 없다. 그래도 알아두면 좋은 것은 있다. 바로 타이밍(timing)이다.

첫째를 키울 때는 해외에 있어서 집에 찾아오는 손님도 많지 않았고 혹시 손님이 와도 비슷한 또래의 후배들이라 아이 키우는 것에 대해 왈가왈부하는 사람이 없었다. 반면 늦둥이 둘째를 키울 때는 한국에 있었고 친정엄마와 함께 살고 있어서 나이 든 손님들이 자주 오시곤 했었다. 그러면 정말 한결같이 하는 말이, "아이구! 애가 벌써 손 탔나 보다. 애 내려놔. 손목 나가"라는 것이었다. 내 딴에는, 아이가 남들보다 일찍 태어나기도 했고(일찍 태어나지 않았더라도 그랬겠지만) 일부러 더 많이 안아주려고 그러는 건데, 도와준답시고 애를 받아 잠깐 봐주다가 칭얼대니 손 타면 안 된다며 바닥에 눕혀놔버릴 때는 짜증이 나기까지 했다. (누가 도와달라고 했냐고!)

나는 기본적으로 '손 탄 아기'란 없다고 믿는다. 엄마 품에 안겨 있어야 할 '필요'가 있는 아기가 있을 뿐이라고. 그렇지만 아무리 작은 신생아라 해도 하루 종일 안고 있는 것이 얼마나 지치고 피곤한 일인지를 잘 아는 터라, 엄마에게도 아기에게도 그다지 권하고 싶지는 않다.

아기의 깨어 있고 잠드는 상태는 크게 6단계로 나뉜다(아래 도표).

손 탄 아기를 만드는 사람들의 공통점이 있다. 내내 아기를 안고 있다가 아기가 울거나 칭얼대기 시작하면 바닥에 내려놓으려고 한다. 반면에 손 탄 아기를 잘 안 만드는 사람들은 아기가 깨어 있는 상태를 잘 포착하여 아기를 바닥에 내려놓는다. 몇 번의 시행착오를 거치더라도 바닥에 잘 내려놓는다. 혹시 바닥에 내려놓아 아기가 바로 징징거린다 싶어도 곧장 아기를 안아 올리는 것이 아니라,

수면단계	깊은 잠	주위의 자극에도 어지간해서는 영향을 받지 않고 잠을 유지할 수 있는 시간으로, 가끔 깜짝 놀라는 모로반사 반응을 제외하고는 호흡도 일정하고 움직임도 적음.
	얕은 잠	학습한 정보를 정리하여 두뇌에 저장하는 시간으로, 신체보다는 심리적 안정에 효과가 있는 것으로 알려짐. 깜짝 놀라거나 몸을 자꾸 움직이고 우는 소리를 내기도 함.
의식단계	졸린 상태	잠에서 막 깨어나는 상태이거나 잠에 곧 들어서는 상태.
	고요히 배우는 상태	주변환경에 관심이 많은 시간으로, 아기와 의사소통하기에 가장 좋은 때. 주변 모든 것을 흡수시킬 듯한 초롱초롱한 눈. 조용하고도 안정적인 시기로 호흡도 안정적이며 수유를 하거나 아기에게 새로운 것을 보여주고 이야기해줄 적기.
	활발히 움직이는 상태	아기 눈은 크게 떠 있고 고요하게 깨어 있는 상태보다 초롱초롱하지 않지만 손발의 움직임은 활발한 시간. 호흡은 불규칙한 편이고 아기의 행동이나 소리가 아주 즐겁고 신나 보임. 아기가 외부 또는 신체 내부의 자극에 민감하게 반응하는 시간이기 때문에 아기의 언어를 이해하기 좋음.
	우는 상태	움직임이 강렬하고 눈은 꽉 감은 채로 우는 경우가 많음.

〈아기의 수면단계와 의식단계〉

'바닥에 눕혀진 느낌'을 덜 느끼도록 마사지나 스트레칭 또는 장난
감으로 관심을 유도한다.

'고요히 배우는 상태'와 '활발히 움직이는 상태'가 아기를 바닥
에 눕혀보아도 크게 불만이 없을 상태이다. 그러다가 아기가 졸려
울게 되면 그때서야 다시 안아주어 아기를 달래면 된다.

그런데 참 재미난 것은 내가 만나본 만 2개월 아기의 엄마들은
한결같이 "애를 하루 종일 안아줘야 한다"고 말하곤 하는데, 막상
내가 집에 가서 그 아기를 겪어보면 엄마 말대로 '하루 종일' 엄마
품에 안겨 있는 아기는 단 한 명도 없었다. 그래서 "하루 종일 안겨
있는 건 아닌가 봐요?"라고 물어보면, 답변은 늘 이렇다. "아, 그렇
게 바닥에 누워 있기도 한데 그 시간이 짧아요."

원래 그렇다. 원래 아기는 길게 누워 있지 않으려고 한다. 그게
정상이다. 뱃속에서 얼마나 오랫동안 안겨서 둥둥 떠다녔던가. 아
기는 이미 둥둥 떠 있는 그 느낌에 중독된 채 태어난다. 여러분이
너무 자주 안아줘서 '손 탄 아기'가 된 게 아니다. 엄마의 '몸을 탄
아기'로 이미 태어난 것이다.

어쨌든 손 탄 아기를 최대한 안 만드는, 또는 덜 만드는 방법은
'아기가 울지 않을 때' 타이밍을 맞춰서 실패를 각오하고 과감히 눕
혀보는 것이다. 아기가 울기 시작했을 때는 이미 늦다. 실패하더라
도 '다음번에 다시 또 눕혀보자'라는 태연함으로 한번 눕혀보는 것
이다. 한 번 실패했더라도 다음번에 다시 시도해보는 끈기를 갖는
것이다. 여기서도 결국 아기의 울음을 달래주려고 노력하면서도

울음을 너무 두려워하지 않는 것, 그게 비결인 셈이다.

　모로반사 본능 외에도 백일 이전의 아기가 흔히 겪는 일이 하나 있다. 영아산통이라는 것이다. 안타깝게도 아직 영아산통의 원인은 정확하게 찾지 못했다. 백일 이전의 아기가 너무 많이 울어 힘들어하기에 병원에 가보면 그저 '영아산통'이라고 진단해주기도 한다. (그런데 이 부분이 참 재미있다. 과거 5~10년 전만 해도 백일 이전 아기가 자주 울고 잠을 못 잔다고 하면 의사 선생님들은 '영아산통'이라 진단하고는 그저 시간이 약이라며 딱히 처방이 없어 민망해하기도 했는데, 지금의 의사 선생님들은 "수면교육을 하면 된다"라고 하며 단호한 해법을 주기도 한다. 최근 5년 사이 한국에서는 영아산통의 해법이 생겨버린 것이다!)

　그리고 또 하나, 백일 이전의 아기는 자주 토한다. 식도역류 현상이 아기에게 나타나는 것이다. 아기의 식도와 위 사이의 괄약근이 약해서 위로 넘어갔던 음식물이 다시 넘어오면서 토하게 되는 것인데, 증상이 심해 '위식도역류증'이라는 진단을 받는 아기도 있다. 병원에서 진단받을 만큼 증상이 심하지 않더라도, 아기를 세워 안았을 때는 중력에 의해 위에 머물러 있던 음식물이 아기를 눕히면 식도와 위 사이 괄약근을 통해 다시 넘어오게 되는데 이때의 기분이 싫어서 눕기를 싫어하

〈위식도역류증 발생 위치〉

는 아기도 있다.

위문이 약해 토하는 게 불편하고 아픈 아기들은 눕는 것을 싫어한다. 이런 아기까지 손을 타서 눕는 것을 싫어한다고 말할 수는 없다. 손을 타서 그런 게 아니다. 손 탔다는 말은 잘못된 말이다. 위의 문이 점차 단단해지면서 시간이 지남에 따라 저절로 바닥에 눕혀도 울지 않고 잠도 더 오래 자는 아기도 많다. 엄마가 뭘 잘못해서 그런 게 아니다. (이런 증상의 아기를 수면교육 한들 결과가 좋아질지 의문이다.)

그리고 마지막으로 백일 이전 아기의 취약점이 하나 더 있다. 백일 이전 아기는 생체리듬이 제대로 발달하지 않은 상태다. 생체리듬을 조절하는 것은 멜라토닌과 세로토닌이라는 호르몬인데, 이 호르몬이 생체리듬을 조절할 만큼 충분히 나오지 않는 것이다. 만 6~12주 사이에 호르몬 분비가 서서히 늘어나게 된다. 생체리듬은 잠을 잘 자게 하는 리듬이므로 이런 호르몬이 없다는 이야기는 아기가 잠을 잘 못 잘 수 있다는 의미다.

생체리듬에 도움이 되려면, 낮에 아기에게 햇빛을 쬐여주면 된다. 외출해서 쬐여주는 것이 가장 좋지만 어린 아기라 외출이 부담스럽다면 베란다 앞처럼 집에서 가장 밝은 곳으로 데려가 수유를 한다든가 놀이를 해주면 된다.

저녁이 되면 되도록 집안 조명을 어둡게 해주는 것도 생체리듬 형성에 도움이 된다. 저녁에 조명이 필요하다면 백색보다는 황색 조명이 좋다.

3

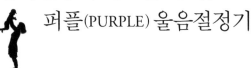

영아산통의 새로운 해석,
퍼플(PURPLE) 울음절정기

백일 이전의 아기에게는 아기라는 존재가 지닌 취약점이 있다고 머릿속으로 이해하더라도, 첫 두어 달의 아기 울음은 전 세계 모든 부모에게 근심거리다. 앞에서 말했다시피 기저귀를 갈아주고 젖이나 분유를 먹여주고 재워주는 것처럼 당장 해결해줘야 하는 울음도 있지만, 반대로 해결해주고 싶어도 선배맘은커녕 세계적인 전문가조차 아직 원인을 찾을 수 없는 '버텨줘야 하는 울음'도 있다.

버텨줘야 하는 울음이 왜 있는지는 모른다. 그저 그런 시기가 있다고 알고 있을 뿐이다. 이런 시기를 캐나다의 브리티시콜롬비아

대학 로널드 G. 바(Ronald G. Barr) 박사는 퍼플(PURPLE) 시기라고 부른다. 만 2개월이 울음절정기(Peak of crying)이고, 울음의 패턴이 없고 이유를 알 수 없으며(Unexpected), 아무리 노력해도 아기의 울음이 달래지지 않고(Resists soothing), 아기의 우는 표정이 고통스러워 보이며(Pain-like face), 울음이 길고(Long lasting), 저녁 시간(Evening)에

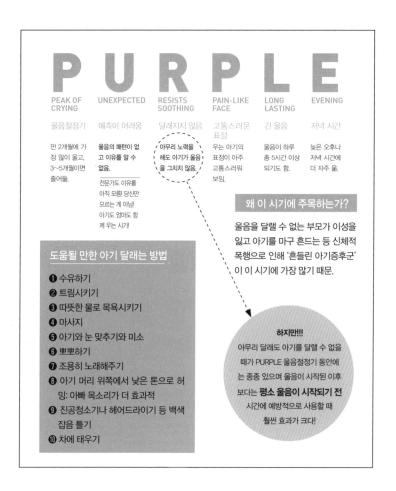

PURPLE

PEAK OF CRYING
울음절정기
만 2개월에 가장 많이 울고, 3~5개월이면 줄어듦.

UNEXPECTED
예측이 어려움
울음의 패턴이 없고 이유를 알 수 없음.

전문가도 이유를 아직 모름! 당신만 모르는 게 아님! 아기도 엄마도 함께 우는 시기!

RESISTS SOOTHING
달래지지 않음
아무리 노력을 해도 아기가 울음을 그치지 않음.

PAIN-LIKE FACE
고통스러운 표정
우는 아기의 표정이 아주 고통스러워 보임.

LONG LASTING
긴 울음
울음이 하루 총 5시간 이상 되기도 함.

EVENING
저녁 시간
늦은 오후나 저녁 시간에 더 자주 울.

왜 이 시기에 주목하는가?

울음을 달랠 수 없는 부모가 이성을 잃고 아기를 마구 흔드는 등 신체적 폭행으로 인해 '흔들린 아기증후군'이 이 시기에 가장 많기 때문.

도움될 만한 아기 달래는 방법

❶ 수유하기
❷ 트림시키기
❸ 따뜻한 물로 목욕시키기
❹ 마사지
❺ 아기와 눈 맞추기와 미소
❻ 뽀뽀하기
❼ 조용히 노래해주기
❽ 아기 머리 위쪽에서 낮은 톤으로 허밍: 아빠 목소리가 더 효과적
❾ 진공청소기나 헤어드라이기 등 백색 잡음 틀기
❿ 차에 태우기

하지만!!!
아무리 달래도 아기를 달랠 수 없을 때가 PURPLE 울음절정기 동안에는 종종 있으며 울음이 시작된 이후보다는 **평소 울음이 시작되기 전** 시간에 예방적으로 사용할 때 훨씬 효과가 크다!

가장 많이 운다는 것이다.

감성적인 컬러인 보라색이란 이름으로 명명하면서까지 이런 시기에 대해 다시 해석하고 강조한 이유가 무엇일까. 이 시기에 사고가 많이 일어나기 때문이다. 아기 울음을 달래던 부모가 어느 순간 화를 참지 못하고 뉴스에 나올 법한 사고들을 치는 때가 바로 이 시기이다. 여러분만 아기를 못 달래는 게 아니라, 남들도 다 아기를 잘 못 달랜다는 것을 기억하기 바란다.

하지만 해법까지는 아니더라도 도움이 되는 것들은 있다. 퍼플 울음절정기 때에는 평소 울음이 시작되기 전에 수유, 트림, 목욕, 마사지, 산책, 백색잡음 등을 이용하면 아기의 울음을 줄일 수는 있다.

아기 울음 달래는 것이 힘들다고만 하면 되겠는가. 이제는 아기를 달래는 방법을 하나씩 소개할 시간이다.

아기 울음언어 구분하기

전문가들도 아기가 우는 이유를 알 수 없는 경우가 있지만, 그래도 아기가 우는 이유는 대략적으로 알려져 있다.

아기가 우는 이유는 따로 이야기하지 않아도 엄마아빠의 본능으로 대충은 알고 있다. 그런데 이유는 안다 해도 아기가 '지금' 우는 이유를 알아맞히는 것은 쉽지 않은 일이다. 그만큼 아기 울음소리의 구분이 쉽지 않다는 말이다.

아기 울음소리를 구분하려는 숱한 시도가 있었지만 아직까지 과학적인 단계에서까지 음성 인식이 가능한 수준은 아닌 것 같다. 그나마 가장 잘 알려진 것이 호주의 프리실라 던스틴(Priscilla Dunstan)의 의견이 아닐까 싶다. (나도 둘째를 키우면서 참 많은 도움을 받았던 울음언어 구분법이다. 사실대로 고백하자면, 둘째보다는 다른 엄마의 아기 울음언어 구분에 도움이 많이 되었다. 남의 아기는 내가 객관성을 유지할 수 있어서 들으면 금방 구분해낼 수 있었는데, 내 아이는 객관성을 유지하기가 쉽지 않았다.)

그녀는 만 4세 때부터 모차르트 음악을 듣고 그 악보를 그대로 바이올린으로 재연할 수 있었던 절대음감의 소유자라고 한다. 그 재능이 아이를 낳으면서 아기 울음소리를 분별하는 데 다시 한 번 효과가 있었다.

아기가 배가 고플 때는 혀로 젖을 빨려는 시늉을 하듯이 혀를 차며 내는 소리인 'neh/nah'(우리말로 하면 '응애' 또는 '응아')를, 졸릴 때는 하품을 하듯 크게 입을 벌리며 내는 소리인 'owh'('아─' 하는 울음소리)를, 트림이 필요할 때는 트림을 넘기려 할 때 내는 소리인 'eh'('어' 소리)를, 가스가 차서 배가 아플 때
는 가스를 분출하기 위해 배에 힘을 주어 내는
소리인 'eairh'('어—으—' 소리)를, 기저귀가 젖
거나 뭔가 불편할 때는 불평하듯 'heh'('헤' 소
리) 하고 소리낸다고 한다.

아기울음언어

이 내용이 간략한 소책자와 CD로 판매 중이다. QR코드를 스캔
하면 프리실라 던스턴이 〈오프라 윈프리 쇼〉에 출연하여 아기 울
음언어를 소개한 영상을 확인할 수 있다.

아기 울음언어를 구분하는 앱도 있다. 오랫동안 별도의 기기로
판매되었던 WhyCry가 스마트폰 앱으로 소개되어 있고, 우리나
라의 크라잉베베 앱(안드로이드 전용)도 있다. 크라잉베베의 개발
자에 의하면 프리실라 던스턴을 포함한 많은 전문가들의 울음
구분법을 적용하고 있고, 아기의 울음소리도 누적되어 울음인식
률이 뛰어나다고 한다.

4
⋮

 우는 아기 달래기,
"아! 이런 방법도 있었어?"

태내에 있는 듯한 느낌을 주는 속싸개

지금부터는 우는 아기를 달래고 잠까지 재우는 데 도움이 되는 방법들을 하나씩 소개해볼까 한다. 우선 첫 번째로 속싸개.

개인적으로 속싸개의 효과가 잘 알려져 있지 않은 것이 정말 안타깝다. 그나마 최근 몇 년 새 국내 속싸개 회사의 꾸준한 마케팅으로 속싸개의 중요성이 좀 알려지긴 했지만, 여전히 신생아 시기에만 필요한 물품이려니 여긴다. 속싸개는 아기가 태내에서처럼 폭 안긴 기분을 다시 느끼도록 하는 것인데, 모로반사 본능으로 깜짝 놀라 깨는 것을 방지해주는 역할도 한다.

국내에 시판되고 있는 속싸개 형태는 크게 두 가지가 있다. 커다란 보자기와 같은 정사각형 또는 직사각형 모양의 일반형 속싸개가 있고, 아기가 쉽게 풀지 못하도록 아기 팔을 고정해주는 기능형 속싸개가 있다. 기능형 속싸개의 종류는 다양하지만, 팔을 중심으로 날개처럼 더 길게 만든 날개형, 벨크로나 지퍼로 속싸개가 풀리지 않도록 하는 벨크로형과 지퍼형 등이 있다.

하지만 안타깝게도 모든 아기가 속싸개를 좋아하는 건 아니다. 10%가량의 아기들은 속싸개를 싸도 효과가 없다고 한다. "아아! 우리 아기가 그 10%란 말인가?" 하고 절망에 빠진 분이라면 다시 한 번 짚고 넘어가고 싶은 것이 몇 가지 있다.

속싸개를 싸는 동안 거부하며 싫어한다고 해서 정말 속싸개를 싫어하는 거라고 단정지을 순 없다. 아기들은 졸린 기분과 맞서 싸우는 용감한 전사 기질을 가지고 있는데, 실은 그 졸린 기분이 즐겁지 않기 때문에 그 감정을 표출하는 것이다.

속싸개를 싫어하는 아기는 속싸개를 쌀 때도 싫어할 뿐 아니라, 속싸개를 해봤자 안 할 때보다 잠을 더 못 잔다. 속싸개를 하면 더 잘 자는 아기라 해도 속싸개를 쌀 때 심하게 거부하는 경우가 있는데, 이것은 아기가 속싸개를 싫어하는 것이 아니라 잠으로 가야 하는 그 수면의식이 싫은 것이다. (수면의식을 바꿔주거나 수면의식 전에 잠깐의 전이과정을 만들어주면 속싸개 싸는 것을 덜 거부할 것이다.)

속싸개의 크기도 중요한 변수다. 속싸개를 잘 싸는 사람에겐 큰 문제가 안 될 수도 있지만, 속싸개를 효과 있게 싸기 위해서는 속싸개의 크기나 모양도 중요하다. 직사각형보다는 정사각형 모양이 좋고, 내 경험상 아기를 세 번 정도 감쌀 수 있는 크기가 좋다. 속싸 개를 한창 싸던 3개월 이전에는 두 바퀴 반 이상 나오지 않으면 다시 쌀 정도였다. 그보다 덜 싸매지면 속싸개가 풀려 오히려 잠을 방해하는 듯했기 때문이다.

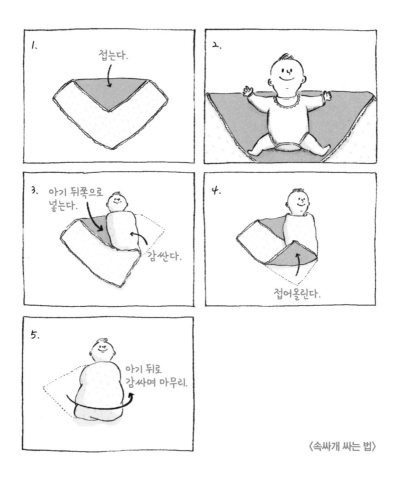

〈속싸개 싸는 법〉

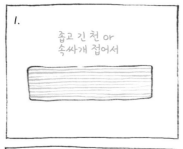

1.

좁고 긴 천 or
속싸개 접어서

2.

3.

한쪽 팔을 감싼 후
아기 뒤로 넣는다.

4.

다른 팔도 감싼 뒤
아기 뒤로 넣는다.

이렇게 아기 팔만 한 번 더 감싼 뒤, 속싸개로 다시 싸준다.

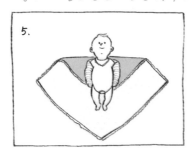

5.

6.

7.

8.

더블 속싸개
싸기
완성!

〈더블 속싸개 싸는 법〉

기능형 속싸개는 일반형 속싸개보다 싸기 쉽고 잘 풀리지 않는 커다란 장점이 있지만, 아기 크기를 평균적으로 맞춰 속싸개 너비가 정해지기 때문에 아기와 속싸개 크기가 잘 맞지 않는 경우가 생기곤 한다. 움직임이 활발한 아기는 어떻게 해서든 팔을 빼내기도 하는데, 그러다 보면 위험한 순간도 있고 오히려 불편해서 잠이 깨는 단점도 생길 수 있다.

속싸개를 쌀 때 주의할 게 하나 있다. 속싸개가 아기의 턱 주변에는 닿지 않도록 해야 한다. 아기 턱에 속싸개가 닿으면 '빨기 본능'을 자극해 엄마 젖꼭지인 줄 알고 먹으려 드는 바람에 잠에서 깰 수 있다.

속싸개를 이용할 때는 백색잡음을 함께 쓰는 게 좋은데, 속싸개로 자주 싸주는 아기들이 생활소음에 더 민감한 듯하기 때문이다. 백색잡음으로 생활소음을 차단해줄 수 있으니 속싸개와 백색잡음은 한 쌍으로 보는 게 좋다.

◇◇
속 싸 개 에 관 한 F A Q
◇◇

Q 하루 몇 시간까지 싸두면 좋을까요?

A 처음 시작한 경우라면 하루 12시간에서 20시간까지도 아기가

편안해할 수 있다. 점차 아기가 신호를 보낸다. "나를 꺼내줘, 놀고 싶어!"라고.

Q 언제까지 속싸개를 사용해야 하나요?

A 아기가 싫어할 때까지 사용해도 괜찮다. 처음에는 좋아하더라도 자라면서는 점차 싫어하기 시작한다. 손을 자꾸 움직이고 손가락을 빨고 싶기 때문이다. 그런 경우라도 아예 속싸개를 완전히 떼기보다는 한쪽 팔을 빼고(주로 빨려고 노력하는 손가락 쪽의 팔) 한쪽 팔만 집어넣어 싸매주고, 그다음 단계로 양팔을 빼고 가슴 이하 신체만 싸매다가 완전히 떼는 것이 좀 더 수월하다. 일부 아기들은 속싸개를 너무너무 좋아해서 8개월, 10개월까지도 계속 싸매야 잠드는 경우도 있다. 우리 큰아이는 8개월에도 커다란 비치타월로 한쪽 팔을 넣어(발은 안 싸매고) 꽁꽁 싸매주어야 좋아했다.

Q 아기를 속싸개로 오래 싸두면 신체발달을 방해하진 않을까요?

A 뒤집기는 4개월, 기기는 8개월, 걷기는 12개월에 해야 한다? 이런 기대치는 조금 접어두면 좋겠다. 속싸개로 싼 아기들이 평균적으로 더 길게 자긴 하는데, 얕은 잠(REM 수면) 비중 또한 조금은 더 높은 편이라고 한다. 얕은 잠은 두뇌 활동이 활발한 잠이라서, 두뇌 발달에 더 도움이 될 수도 있다.

느림보 수면교육

속싸개가 아기 신체발달에 지장을 줄까봐 걱정되시는 분을 위한 팁! 일찌감치 놀 때 엎어놓기를 해주면 된다. 영어로는 터미 타임 (tummy time)이라고 아예 용어까지 있을 정도이고 내가 다녔던 병원에서는 생후 4개월 진찰을 갈 때까지도 간호사나 의사가 꼭 묻는 질문이었을 정도로 권장하는 활동 중 하나다. "Does your baby have a plenty of tummy time?"(아기가 놀 때 엎어놓기는 많이 하시죠?)

Q 그래도 조심해야 할 것이 있다면 무엇일까요?

A 뒤집기를 시작한 이후라면, 속싸개는 잠재우기 의식에만 포함시켰다가 잠이 들면 푸는 등 손발을 자유롭게 해줘야 한다. 속싸개를 한 채 뒤집기를 하게 되면 위험하다. 그리고 가족 중에 고관절탈구증이 있거나 출산 시 역아로 태어난 경우에는 조심해서 속싸개를 사용하는 게 좋다. 엉덩이와 그 아랫부분을 자유롭게 움직이지 못할 경우 고관절탈구를 일으킬 수도 있다고 한다. 아직 과학적으로는 고관절탈구증의 원인을 명확히 밝히지 못했지만, 아

무튼 가족력이 있거나 역아로 태어난 경우는 속싸개를 쌀 때도 엉덩이와 다리 부분은 움직임이 자유롭게 해주는 게 좋다.

백색잡음=잠자는 시간

속싸개 외에 우리나라에 잘 알려지지 않은 또 한 가지가 있다. 아기 울음을 달래주고 잠재우기에 도움이 되는 것이 백색잡음(백색소음)이다. 모든 빛을 합하면 백색이 나오는 것처럼, 모든 소리를 합한 것을 백색이라 하자고 하여 백색잡음이다.

선풍기/환풍기 소리, 물소리, 파도 소리, 헤어드라이어 소리, 진공청소기 소리 등이 그 예이다. 라디오 주파수 안 맞는 소리나 비닐봉지 구기는 소리도 효과가 있었다는 선배맘도 있다.

수면교육 전문가 중에 이 백색잡음의 열렬한 팬으로는 소아과 의사였던 하비 카프(Harvey Karp) 박사와 호주의 베이비 위스퍼러 쉐인 롤리(Sheyne Rowley)가 있다. 오리지널 베이비 위스퍼러 트레이시 호그(Tracy Hogg)도 "쉬잇~" 소리 내주는 것을 수면교육의 한 방법으로 보고 있으니 백색잡음의 팬이라 할 수 있다.

숭실대 소리공학연구소장 배명진 교수는 《동아일보》(2011년 10월 19일 자)에 쓴 칼럼 〈태아는 어떤 소리를 들을까〉에서 이런 말을 했다.

태아의 청각기관은 엄마의 하복부 내에 있는 양수에 싸여 있다. 양수는 외부에서 발생하는 소리를 잘 전달하는데 물속이라 소리의 전달속도가 빠르고, 양수 내에서 반사 특성이 나타나 소리 번짐 현상을 유발해 윙윙거림으로 들린다. 그리고 외부에서 다른 사람의 목소리나 여러 가지 소리가 들리면 대부분은 엄마 배에서 흡수돼 저음 위주의 소리 성분만 태아가 듣게 된다. 이때 아기는 밖의 소리가 누구의 소리인지 또는 무슨 소리인지를 잘 구분 못하며 그냥 웅성거림으로만 느낀다.

임신 6개월에 청력이 생기는 것으로 알려져 있으니 아기는 태어날 당시 이미 3개월 이상 시끄러운 소리를 들어온 것이다. 이미 이 시끄러운 소리에 '중독된 채' 태어나는 셈이다. 그렇기 때문에 아기는 뱃속에서 들었던 소리와 비슷한 소리에 안정을 되찾고 울음을 그친다.

논리로만 백색잡음의 효과를 주장하는 게 아니다. 생후 2~7일 된 아기 20명을 대상으로 실험한 결과, 백색잡음을 틀어준 경우 80%인 16명이 5분 이내에 잠이 든 반면, 백색잡음이 없는 경우 25%인 5명만이 5분 이내에 잠이 들었다고 한다.

백색잡음은 아기 울음을 그치게 하는 직접적인 효과 외에 두 가지의 간접적인 효과도 있다. 아기는 시간을 알지 못한다. 잠재우기 의식 도중에 백색잡음을 틀어주면 이제 곧 잘 시간이라는 시계 역할을 하게 된다. 아기의 첫 몇 개월 동안은 효과가 없거나 오히려 잠을 자야 한다는 예측을 하고 더 우는 경우가 있을 수 있지만, 장기적으로는 '백색잡음=잠자는 시간'이라는 조건을 만들어주는 과정이 된다. 또한 잠귀가 예민한 아기라면 낮잠을 자는 동안 들리는 주변 소음을 차단하는 역할도 하게 된다.

백색잡음을 들려주는 방법도 여러 가지다.

가장 손쉽지만 에너지 소비는 큰, 직접 소리를 내주는 방법. 아기 소변을 누인다 생각하고 "쉬~" 소리를 내주는데 실제로 쉬를 볼 때보다 훨씬 크게 내주면 된다. (이 소리를 내주면, 주변에서 듣던 어른들로부터 이런 질문을 받는다. "나중에 기저귀 뗄 때도 쉬~ 소리를 내주면 쉬는 안 싸고 잠들어버리면 어떡해?" 안심해도 좋다. 기저귀 뗄 때까지 쉬~ 소리로 아이를 재울 일은 절대 없다.)

'슬럼버 베어'처럼 아기 전용으로 인형에 백색잡음을 내는 모듈이 달려 있는 제품도 있고 디지털시계에 이런 백색잡음 기능이 포함되어 있는 상품도 있다. 요즘에는 스마트폰 앱이나 유튜브에 올라와 있는 소리, MP3, CD도 아주 많이 사용된다.

백색잡음을 선택할 때는 자신의 스피커로 들을 때 고주파로 날카롭게 들리는 소리보다는 저주파의 베이스가 더 잘 들리는 소리를 선택하는 것이 좋고, 빗방울 소리나 파도 소리처럼 잔잔한 소리도 좋다.

백색잡음이 우리 문화에는 익숙하지 않고 귀에 거슬리는 느낌이 들 수도 있는데, 그렇다면 핑크잡음(핑크노이즈)이나 갈색잡음(브라운노이즈)을 시도해볼 수도 있다. 핑크잡음이나 갈색잡음은 전 주파수에 걸쳐 각 음량이 동일한 백색잡음과 달리, 귀에 거슬리는 주파수 소리를 줄였기 때문에 더 부드럽게 들린다고 한다(솔직히 고백하자면 나는 똑같이 들렸다).

백색잡음의 소리 크기 때문에 청력 문제를 가져올 수 있다는 부정적 의견도 있긴 하다. 현재 미국과 캐나다의 신생아 치료실에서 들려주는 백색잡음은 30센티미터 거리에서 50데시벨 정도의 크기로 1시간 이내로 들려준다고 한다. 50데시벨은 보통 집 안에서 대화하는 수준의 소음이다. (소음 크기를 측정하는 앱도 있다.)

과거 꼼꼼한 속삭임맘 중에는 아기와 여행을 가야 할 때는 백색잡음을 MP3에 녹음해서 들고 다니기도 했었는데, 시절 참 많이 좋아져서 그 몇 년 사이 스마트폰용으로 언제 어디서나 애용할 수 있는 백색잡음 앱을 쉽게 구할 수 있게 되었다.

백색잡음에 대한 FAQ

Q 백색잡음을 오래 쓸 경우, 청력에 영향을 준다는 말도 있던데요?
A 그럴 수도 있다. 2003년경에 아기 쥐를 대상으로 한 연구 결과가 발표되어 부모들을 불안하게 한 적 있는데, 일주일 내내 백색

잡음 환경에서 자라난 쥐에 대한 결과였다. 그 연구는 아기를 진정시키기 위해 간헐적으로 쓰이는 백색잡음에 대한 연구라기보다는 과거보다 현재 평소 잡음의 수치가 높아지는 것에 대한 우려를 표명하는 논문이었다. 미국 최대의 인터넷 의학 잡지 중 하나인 《webMD》와의 인터뷰 기사에서 연구 집필한 박사는 백색잡음이 과거 30년 넘게 어린이 집중력 향상 치료에 사용되어왔다는 사실을 인식한 듯, 매일이라 하더라도 전혀 쉬지 않는 논스톱(non-stop) 환경이 아니라면 청력발달에 지장을 주지 않을 것으로 보인다고 밝혔다. 혹시 쉬지 않고 백색잡음에 노출되는 환경이라면, 노래나 책 읽기 등 청력과 언어발달을 도울 다른 활동을 더 많이 해줘야 할 것이라는 말도 덧붙였다.

(집중력 향상 치료에 사용되었다는 말이 낯선가? 국내에서도 큰 사랑을 받았던 미국 드라마 〈명탐정 몽크〉를 보면 정신과의사가 내담자인 몽크를 안정시키려는 의도로 늘 백색잡음을 틀어놓는 장면이 나온다. 평범한 사람이라면 백색잡음이 바뀐 사실을 모를 텐데, 일상과 동떨어진 것을 아주 싫어하는 자폐 성향이 강한 몽크는 백색잡음이 바뀌었다는 사실을 용케도 알아내는 장면이다.)

Q 백색잡음도 결국 떼야 하는 것인가요? 그렇다면 언제 어떻게 떼야 할까요?

A 서양의 알람시계에는 백색잡음 기능이 달린 경우가 많다. 인터

넷으로 타이맥스(Timex)와 같은 유명 브랜드의 탁상전자시계 스펙만 찾아봐도 쉽게 알 수 있다. 아기용이 아닌데도 기능이 들어가 있다. 어른이 되어서도 여전히 쓸 수 있다는 이야기다.

그렇지만 우리나라에서는 백색잡음에 대한 인식이 좋지 않은 것이 사실이다. 백색잡음을 떼야겠다 싶을 때도 여러 단계로 나누어서 뗀다고 생각하면 쉬워진다. 물론 어느 날 갑자기 뚝 떼도 아기가 잘 자는 경우도 있다! (우리 큰아이가 그랬다.) 그런데 '어느 날 갑자기' 하려면 부모의 담력이 필요하다. 일정한 잠재우기 의식은 잊으면 안 된다! 그리고 아기가 잠에 들어 깊은 잠을 잘 때쯤 되면 백색잡음을 끄면 된다. 그러다가 잠재우기 의식 중의 백색잡음 볼륨을 줄여가다가, 결국 아예 틀지 않는 식으로 다단계를 거치면 된다.

우는 아기 달래기에 좋은 옆/엎드린 자세

이 자세에 대한 글은 쓰기가 조심스럽다. 아기를 옆으로 재우거나 엎드려 재우는 자세는 영아돌연사로 이어질 수 있는 치명적인 자세이기 때문에, 우는 아기를 달랠 때는 좋으나 그대로 재우는 건 위험하다는 말을 먼저 하고 싶다.

앞서 신생아에게 있는 '모로반사 본능' 이야기를 하면서 아기들이 왜 등이 바닥에 닿는 자세를 싫어하는지에 대해서는 설명했다.

달랠 때는 옆으로 안거나 배가 밑으로 오게 되는 자세로 달래고 일단 진정이 되어 잠에 들어서기 시작하면 똑바로 등을 바닥에 닿는 자세로 재워야 한다. 이때 속싸개로 싼 채 옆으로 안은 자세를 취하면 된다.

사진은 만 2개월이던 우리 큰아이 사진이다. 이 자세를 보고 '아기를 왜 저따위로 안아주지?' 싶은 분도 있을 것이다. 영아산통 등으로 자주 우는 아기 달래기에 좋은 자세 중 하나로, 배를 압박하는 자세다. 이 자세를 취하기 전에 엎드린 자세를 해보지 않은 아기의 경우 처음에는 싫어할 수도 있다는 걸 염두에 뒀으면 좋겠다.

옆 / 엎드린 자세에 대한 F A Q

Q 아기가 스스로 뒤집어 자는데 어쩌죠? 영아돌연사 걱정 때문에 잠을 잘 수가 없어요.

A 아기가 처음 뒤집을 때는 환호성을 질렀어도, 뒤집고 나니 걱정이 시작된다. 영아돌연사 걱정 때문이다. 내가 미국에서 다니던 소아과에서는 뒤집기 이전 아기의 정기검진 때면 엎드려 재우지 말라는 말을 꼭 건네곤 했다. 그 참에 아기가 스스로 뒤집기 시작하면 어떻게 하느냐고 물었더니, 그 의사는 답변할 수 없다고 딱 잘라 말했다. (미국인들 참 새가슴일 때가 있다. 사고 나서 책임지라고 할까봐 여간 조심하는 게 아니다.)

그래서 찾아보니 스스로 뒤집어 자는 아기에 대한 조언이 두 가지가 있었다.

첫째, 돌까지는 엎드려 재우지 마라(미소아과학회). 둘째, 아기가 배에서 등으로, 등에서 배로, 양쪽 모두 뒤집을 수 있을 때까지는 엎드려 재우지 마라[조디 민델(Jodi Mindell)]. 그리고 소아과의사 중에는 아기가 스스로 뒤집어 자는 것은 어쩔 수 없다고 말하는 사람도 있다.

위의 조언 모두 아기의 안전을 보장해주지는 않기 때문에 결국 엄마가 결정해야 한다.

뱃속에서부터 익숙한 흔들어주기

우스갯소리로 젊은 여자가 한 무리로 서 있을 때 아기 엄마와 아기 엄마가 아닌 사람을 구분할 수 있는 방법이 있다고들 한다. 아기 엄마는 이야기를 하면서 은연중에 몸을 이리저리 천천히 흔드는 버릇이 있다! 이게 바로 우는 아기 달래는 자세이기 때문이다.

왜 아기는 흔드는 자세를 좋아하는 것일까? 뱃속에서 그렇게 흔들려서 그렇다. 태중에서 엄마가 잠든 6~8시간을 제외하고는 하루 종일 흔들려왔기 때문에 그 흔들림에 익숙한 것이다. 바닥에 내려놓아도 아기 혼자 잠들기를 바라겠지만 지난 몇 개월간 하루 24시간 중 16~18시간 동안 흔들려왔던 아기한테는 움직임 없는 평평한 침대나 방바닥이 낯선 셈이다.

천천히 양옆 또는 앞뒤로 흔들어주는 움직임이 아기를 달래고 잠재우는 데 좋고, 시계 초침만큼 또는 그보다 더 느리게 흔들어줘야 아기를 진정시키기에 좋다. (반면 느리고 크게 흔드는 것보다는 아주 빠르고 작게 흔드는 것이 훨씬 좋다고 하는 사람도 있다. 그러므로 느리고 크게 흔드는 것과 빠르고 작게 흔드는 두 자세를 다 해보고 아기에게 효과가 있는 방법을 쓰면 된다. 내가 경험한 바로는 평소에는 천천히 흔드는 것만으로 좋은데, 아기가 많이 보채고 칭얼댈 때는 빠르고 작게 흔들어주는 걸 더 좋아하는 것 같았다.)

그리고 흔들어주기에 대해 한 가지 더 권하고 싶은 게 있다. 슬링이나 처네, 아기 띠, 아기 랩 같은 도구를 외출 시에만 쓰지 말고 집에서도 적극 활용하길 바란다. 괜찮은 도구가 있으면 적어도 손과 팔이 자유로워져 밥이라도 챙겨먹을 수 있다. 아기 안고 있느라 식사도 못하는 일은 없어야 한다!

서양에서는 이렇게 도구를 이용해 아기를 안아주는 것을 '아기

느림보 수면교육

입기(Baby Wearing)'라고 부른다. 이 아기 입기 방법에 우리의 포대기도 당당히 들어가 있다.

흔들어주기에 대한 FAQ

Q 아기를 흔드는 게 '흔들린 아기증후군(Shaken Baby Syndrome)'을 가져올 수 있다고 하던데, 흔들어 재워도 될까요?

A 우리말로 번역된 '흔든다'라는 말 때문에 생기는 오해다. '흔들린 아기증후군'에 쓰인 '흔들다'의 영어는 shake이다. 반면 우리가 아기를 달래기 위해 흔들 때의 '흔들다'는 보통 rock으로 쓴다. rock과 shake의 흔드는 정도는 다르다. 밀크셰이크를 만들 때의 흔들림을 생각해보면 '흔들린 아기증후군'에 위험한 흔들림을 짐작할 수 있을 것이다. '흔들린 아기증후군'은 아기를 달래다 화가 나서 막 흔들게 되는 경우에 연약한 두뇌가 손상을 입게 되는 증상이다.

Q 흔들침대 사용은 어떤지, 혹 습관이 되어버리진 않을까요?

A 흔들침대에 대한 찬반 논란은 만만치 않다. 흔들침대가 아기 상체를 세워주기 때문에 아기 속을 더 편하게 해주기도 하고 엄마 뱃

속에 있던 흔들림을 재현해주기 때문에 아기를 진정시키는 효과도 있긴 한데, 중독에 대한 염려가 있다. 그렇다 해도 나는 아기의 첫 몇 달은 흔들침대 등의 도움을 받을 수 있다면 적극 활용하라고 권하고 싶다. 다만, 흔들침대를 사용할 때 몇 가지를 염두에 두면 좋겠다.

첫째, 아무리 흔들침대를 쓴다 하더라도 잠재우기 의식은 있어야 한다. 둘째, 아기가 완전히 잠이 들고 나면 흔들기 기능은 서서히 중지시켜본다. 셋째, 아기가 깨려고 꿈틀거리는 순간에 다시 흔들기 기능을 사용했다가 다시 잠에 빠지면 흔들기 기능은 중지시킨다. 넷째, 흔들침대를 사용하는 중에도 자기 잠자리에 눕혀 재우는 연습은 가끔 해준다. 연습 정도로 생각하며 하면 된다. 스트레스를 받을 정도로 해줄 필요는 없다. 어차피 5개월경에는 흔들침대를 쓰기 어려워지기 때문에 그때를 대비해 아기가 잠자리에서 자는 연습도 가끔씩 해주라는 것이다. 다섯째, 잠드는 데 필요한 흔드는 강도가 점점 더 세지게 되면, 흔들침대 중독을 의심해봐야 한다.

아기의 빨기욕구 채워주기

아기 울음을 그치게 하는 데 안아주기, 흔들어주기, 업어주기보다 강력한 도구가 있다. 바로 젖이나 젖병 물리기이다.

인류 역사를 돌아보아도 아기가 젖을 먹다 물고 자는 것은 아주 일반적이다. 분유 먹는 아기도 분유를 먹다가 자는 일이 아주 빈번하다. 배가 부르니 편안하게 늘어지는 기분이 들 테고 그래서 잠이 드는 건 당연한 일이다. 그런데 그보다 더한 이유가 있다.

엄마의 젖은 진통제이자 스트레스를 줄이는 역할을 한다. 수유를 하게 되면, 행복 호르몬인 옥시토신이 증가해 엄마와 아기 모두 기분이 좋아진다. 피부 접촉을 하게 되니 아기에게 안정감도 줄 수 있다. 또한 유당에 포함된 트립토판은 생체리듬을 주관하는 멜라토닌을 합성하는 성분이기도 해서 아기가 잠드는 데 도움이 된다. 게다가 빨기욕구가 충족되어 안정감을 주고 편안함을 준다.

빨기욕구는 다음의 두 가지로 나뉜다.

영양적 빨기욕구(nutritive sucking) : 아기 성장에 필요한 영양소를 섭취하기 위해 필수적인 빨기욕구.
비영양적 빨기욕구(non-nutritive sucking) : 정서적 안정을 위해 필요한 빨기욕구.

따라서 백일 전후로 비영양적 빨기욕구가 줄어들어 수유량이 감소하는 일도 흔한 일 중 하나다.

이렇게 아기를 달래는 데 훌륭한 도구인 엄마 젖과 분유가, 요즘에는 아기 배를 불리는 일 외에는 쓰여서는 안 되는 듯한 분위기라서 안타깝다. 물론 그런 주장에는 이해할 만한 이유가 있다. 아쉽게도 수유가 아기를 재우는 데 늘 긍정적인 역할만 하는 것은 아니기 때문이다. 너무 자주 먹이다 보면 밤에도 자주 먹고 싶어서 깰 수밖에 없다. 소위 뱃구레가 커지지 않는 것이다.

실제 통계상으로도 젖(분유)을 먹고 자는 아기들이 그렇지 않은 아기들보다 더 자주 깨는 것은 사실이다. 하지만 자주 깨지 않는 아기라 하더라도 젖(분유)을 먹은 후에 자는 아기는 굉장히 많다. 그 통계의 사례를 하나 들어보자. 가장 많은 아기를 대상으로 한 설문 결과인 2008년 타이의 한 통계논문에서는, 자주(일주일에 14번 이상) 깨는 3개월 아기 1,634명 중 643명(39.3%)이 잠들 때 젖(분유)을 먹으면서 잠들었으며, 1,502명(91.9%)은 자다 깨면 젖(분유)을 먹고 다시 잠들었다고 한다. 덜(일주일에 14번 이하) 깨는 아기 1,538명 중 503명(32.7%)이 잠들 때 젖(분유)을 먹으며 잠들었고 1,384명(90%)은 자다 깨면 젖(분유)을 먹고 다시 잠들었다.

자기 전 젖을 먹는 비율의 차이 7%와 자다 깨서 다시 젖을 먹는 비율의 차이 2%. 그 차이가 전문가들에게는 의미 있어 보일지 모르겠지만, 나로서는 그게 그렇게 큰 차이인가 싶다. (수면교육 정보에 의하면 아기가 혼자 잘 줄 알아야 밤에도 안 깬다고 하니, 내 추측으로는 자주 깨는 아기들은 거의 80% 이상이 젖 먹고 자며 흔들어 재워야 하고, 안 깨는 아기들은 그 비중이 10~20% 정도일 거라 추측했었다. 내 기대치가 너무 높았던 것일까? 나중에 이런 연구 결과 몇 편을 살펴보고는 배신감을 느꼈다 해도 과언이 아니다. 그저 약간의 확률 차이일 뿐이었다.)

느림보 수면교육

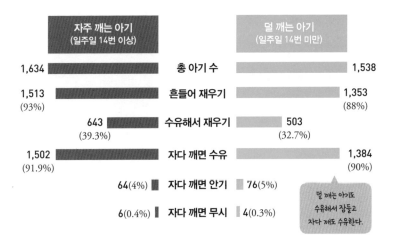

자주 깨는 아기 (일주일 14번 이상)		덜 깨는 아기 (일주일 14번 미만)	
1,634	총 아기 수	1,538	
1,513 (93%)	흔들어 재우기	1,353 (88%)	
643 (39.3%)	수유해서 재우기	503 (32.7%)	
1,502 (91.9%)	자다 깨면 수유	1,384 (90%)	
64(4%)	자다 깨면 안기	76(5%)	
6(0.4%)	자다 깨면 무시	4(0.3%)	

덜 깨는 아기도 수유해서 잠들고 자다 깨도 수유한다.

〈2008년 타이의 3개월 아기 3,172명 설문 결과〉

심리학적으로 아기의 첫 해와 두 번째 해는 이 '빨기욕구'를 통해 의존, 신뢰, 신용, 독립심 등과 같은 일반적인 태도를 형성하게 되는 '구강기'라고 불린다. 그 정도로 빨기욕구가 적절히 충족되어야 한다는 것이다. 너무 많이 빨아서도 안 되고, 너무 적게 빨아서도 안 된다는 것이다. 〔여기서 "이제 와서 너무 많이 빨아도 안 된다고요?" 하고 질문할 엄마도 있을 것이다. 그렇다면 세계 최초 모유수유클리닉 설립자인 잭 뉴먼(Jack Newman) 박사가 오랫동안(2~4년) 모유수유를 한 경우 더 독립적이고 안정적이라고 말한 것을 기억하자.〕

젖 물고 자는 습관이 들면 어떻게 하느냐 걱정도 될 것이다. 젖 물고 자는 습관이 마치 밤에 야식 먹고 자는 습관인 양 '절대 해서는 안 되는' 습관인 것처럼 알려져 있기 때문이다. 그런데 솔직해지

자. 미디어나 책에서 하지 말라고 하는 일들, 모두 안 하고 살고 있는가? 이런 걱정을 하는 부모는 대개 만 4개월 이전의 엄마아빠이다. 4개월 이전의 빨기욕구가 계속 지속될 것처럼 느껴지겠지만, 빨기욕구는 아기가 뒤집기 등 스스로 할 수 있는 것이 늘어나면서 점차 줄어든다. 앞서 말한 '비영양적 빨기욕구'가 점차 줄어들기 때문이다. 지금 젖이나 젖병, 공갈젖꼭지, 아기손가락을 물어야 진정이 되는 아기라면 충분히 사용해도 된다.

다만, 젖(병)으로 아기를 잠재우는 것이 나쁘다고 할 수는 없더라도 아기가 울 때마다 젖(병)에 의지하지는 않는 게 좋다. 적어도 우는 아기를 달래는 다른 한두 가지 방법을 찾으려고 노력하는 게 좋다. 젖(병)이나 공갈젖꼭지에 중독되는 것이 아기겠는가, 엄마겠는가. 아기 울음만 들려도 매번 젖(병)이나 공갈젖꼭지를 꺼내는 습관은 자제하라.

또 하나, 젖(병)을 물려도 안 자는 아기도 있고 젖(병)을 물고서는 '못' 자는 아기도 있다. 이런 고백을 하는 엄마도 있다.

"젖을 어떻게 먹이는지도 모르고 울면 무조건 열심히 물렸더니 아기가 졸리고 피곤하고 힘들 때마다 입을 떡떡 벌리고 한 시간마다 젖을 찾았어요. 공갈젖꼭지도 회사별로 8개나 사서 틈나는 대로 물렸는데도 뱉어버려서 소용없었고요. 그런데 중요한 문제는 우리 아기는 젖을 물고 자는 아기가 아니라 젖을 물고 '못' 자는 아기였다는 거였어요. 다른 아기들은 젖을 물면 잘 잔다는데, 우리 아기는 젖을 하염없이 빨면서 좀처럼 잠들지를 못했지요. 한 시간이고 두 시간이고, 어쩔 때는 정말 가슴을 다 풀어헤치고 하루 종일 물려도 아기가 눈 감고 졸기만 할 뿐 잠다운 잠을 못 자서 저도 힘들어 죽겠더라고요. 그래서 60일경에 안아 재우기로 바꿨죠. 그런데 웬걸, 젖 조금 물리다가 졸린 듯싶으면 안아서 왔다 갔다 하며 재웠더니 젖 물리는 것보다 빨리 잠들더라고요. 물론 며칠 울기도 했지만 꼭 안아주고 자장가도 열심히 불러주니까 자기도 처음 경험하는 거라 그런지 차차 눈 동그랗게 뜨고 집중하더라고요. 자장가에 방긋방긋 웃으며 잠들기도 하니까 힘이 났어요."

그리고 모유수유맘의 많은 질문 중 하나가, "빨기욕구를 채워주고 싶긴 한데 젖을 40분~1시간 반까지 물고 있는 게 정상인가요?" 하는 것이다. 젖을 40분 넘게 물고 있는 일은, 아직 젖양이 맞춰지지 않고 효율적으로 빨기도 어려운 신생아 시기에는 낯선 일이 아니다.

아기가 젖을 먹을 때는 '빨고-빨고-넘기고' 또는 '빨고-빨고-빨고-넘기고'의 3박자 또는 4박자의 패턴을 반복하는데, 이 '빨고'와 '넘기고'만 잘 구분해도 아기가 잘 먹고 있는 것인지 아닌지를 구분할 수 있다. '넘기고'의 박자에서 아기는 입을 크게 벌리고 잠깐 멈추는 동작을 한다. 이 동작이 보이지 않으면, 아기는 효율적으로 젖을 빨지 않는 것이거나 젖이 잘 나오지 않는 것이다. 이럴 때는 젖을 천천히 짜주면 아기가 더 잘 먹게 된다.

모유수유 동영상

단 5분 수유를 하더라도 아기가 이렇게 '빨

고-빨고-넘기고'의 박자를 쉬지 않고 반복한다면 충분히 먹는 것일 수 있고, 1시간을 젖을 빨고 있더라도 '넘기고'의 동작이 보이지 않으면 젖을 충분히 먹지 못하는 것이다.

이런 '빨고-빨고-넘기고'의 박자가 한참 보이다가 점차 보이지 않고 젖을 짜주어도 더 보이지 않으면 이젠 영양적 빨기욕구(79p)는 채워진 것으로 볼 수 있다. 나머지는 비영양적 욕구이기 때문에 더 채워주든 안 채워주든 그건 엄마 마음이다. 엄마가 원하는 만큼만 비영양적 빨기욕구를 채워주면 된다.

모유수유 빨기욕구에 대한 FAQ

Q 아기가 1시간 반 동안 젖을 물고 있는데 정말 이게 배고파서 그런 건가요?

A 아직 모유수유가 정착되지 않은 신생아 시기라도 1시간 이상 젖을 물고 있는 것은 꼭 배가 고파서 그렇다고 보지는 않는다. 위에서 말한 대로 '빨고-빨고-넘기고'의 동작이 별로 반복되지 않을 것이다. 빨대를 꽂아 음료수를 마실 때를 생각해보자. 빨대 아래쪽의 음료를 빨아올리기 위해서 입으로는 어떤 동작을 하는가. 빨

대를 흡입하듯이 빠는 동작을 할 게 분명하다. 반면, 음료수를 마시다가 친구랑 수다를 떠느라 빨대는 입에 물었지만 깨작깨작 하는 때를 떠올려보자. 그때는 빨대를 입에 물긴 했지만 빠는 동작은 하지 않는다. 쪽쪽쪽 소리만 내고 있을 것이다. 아기가 젖을 먹을 때도 크게 다르지 않다. 젖을 먹을 때는 혀로 젖을 휘감아 빤다. 하지만 젖을 먹지 않을 때는 젖꼭지만 쪽쪽쪽 간지럽힐 뿐이다. 젖을 먹는 것과 젖꼭지만 빠는 것의 차이를 느껴보면, 아기가 젖을 빠는 것이 진짜 배고파서인지 아닌지 알 수 있다.

Q 두 동작을 반복하면 어쩌죠?
A 젖을 열심히 빨다가 속도가 느려지고 잠깐 잠들었다가 다시 열심히 빨다가 속도가 느려지고 잠들었다가…… 이런 동작을 반복할 때는 젖양이 충분히 나오지 않아서 아기가 기다리다 잠드는 것일 수 있다. 앞서 소개한 모유수유 동영상에서처럼 아기가 젖을 빠는 속도가 줄어들 때 젖 짜주기를 해주면 젖양을 늘리는 데 도움이 된다.

효율적으로 공갈젖꼭지 이용하기
자, 이번엔 수유의 강력한 대안인 공갈젖꼭지를 살펴보자. 공갈젖꼭지가 도움이 되는 아기는 빨기욕구가 강해서 젖이나 젖병으로 배를 채우고도 계속해서 젖이나 젖병을 빨려고 하는 경우이다.

공갈젖꼭지가 수유나 보살핌을 대신할 수는 없다. 다만, 충분히 먹였고 충분히 안아줬고 충분히 트림을 했는데도 여전히 잘 우는 아기라면 공갈젖꼭지가 도움이 될 수 있다.

공갈젖꼭지 사용의 장점도 있다. 원인은 밝혀지지 않았지만 공갈젖꼭지를 무는 아기가 돌연사할 확률이 낮다고 한다. 얕은 잠을 더 많이 자기 때문이라고 추측하고 있다. (돌연사 확률이 낮다니 기쁘지만 얕은 잠을 더 많이 잔다니 별로 반갑지 않을 수도 있겠다. 하지만 얕은 잠을 자는 동안 두뇌는 학습을 재정비한다는 것도 기억할 필요가 있다!) 또한 손을 빠는 것에 비하면 나중에 떼는 것도 훨씬 용이하다. 공갈젖꼭지는 중독된다 싶으면 없애버리면 끝이다. 사흘 정도 아기가 울고불고 난리는 치겠지만.

물론 단점도 있다. 건강상으로 보자면 중이염에 걸릴 확률이 더 높다. 다행히 어린 아기는 중이염이 잘 걸리는 편이 아니고, 빨기욕구가 가장 강한 6개월 이전에 공갈젖꼭지를 충분히 사용했다가 6개월쯤부터는 서서히 떼어가기로 마음의 준비를 하면 된다.

과거에는 공갈젖꼭지를 사용하면 모유수유 아기에게 유두혼동이 올 수 있다고 했는데, 현재는 여러 의견이 분분하다. 그러나 엄마로서는 유두혼동이 걱정되지 않을 수 없으니 모유수유 아기의 경우는 모유수유가 정착되는 시점, 즉 젖양이 충분해지고 몸무게도 잘 증가하는 만 3주 이후부터 공갈젖꼭지를 사용하기 시작하는

느림보 수면교육

편이 좋다. 반면, 공갈젖꼭지를 쓰면 안 되는 경우도 있다. 아기 몸무게가 잘 증가하지 않는 경우이다.

신생아에게는 세상에 나올 때 가지고 태어나는 자동반사반응이 있다. 그중 하나가 '혀 내밀기 반사반응(tongue extrusion reflex)'이라는 것인데, 이는 빨기반사의 일부로 젖이나 젖병을 잘 빨기 위해서 혀를 먼저 내미는 반사작용이라고 한다. 혹자는 젖이나 젖병 외에는 다 뱉어내기 위한 반사라고도 한다. 4~5개월쯤이면 이 혀 내밀기 반사가 거의 사라지는데 이때를 이유식을 시작해도 좋다는 신호로 보는 사람도 있다. 그런데 이 혀 내밀기 반사에 대해서 잘 모르고, 알더라도 생활에 무슨 도움이 되는지 몰라서 공갈젖꼭지를 제대로 사용하지 못하는 경우가 많다.

젖이나 젖병은 아기가 혀를 먼저 내밀어 젖꼭지를 휘감으려 해도 젖꼭지가 밀려나지 않는다(젖병은 엄마아빠가 안 밀려나게 잡아주고 있으니까). 공갈젖꼭지는 아기 입에 넣어주면 아기가 혀를 내밀어 공갈젖꼭지를 휘감으려고 하더라도 툭하고 밀려나버린다.

아기가 공갈젖꼭지를 혀로 밀어내버리니 공갈젖꼭지를 싫어하는 거라고 생각하기 쉽다. 아기로서는 그 공갈젖꼭지를 젖이나 젖병 빨듯이 빨아보려고 했던 건데, 잘못 오해한 까닭이다.

그래서 공갈젖꼭지를 아기 입에 넣어줄 때는 아기 입에 직접 넣어주기보다 아기 입술 주위를 공갈젖꼭지로 톡톡 건드려 빨기반사를 자극하고, 아기가 입을 벌리면 공갈젖꼭지를 입천장 쪽으로 향하게 살며시 넣어줘야 한다. 그러면 혀로 밀어내기는 어렵고 반대로 감싸 안기는 쉬워져 공갈젖꼭지를 더 쉽게 받아들일 수 있다. 공갈젖꼭지를 마치 젖병꼭지 빨듯이 빠는 데 익숙해질 때까지 공갈젖꼭지를 잡아주는 것도 도움이 된다.

그런데 안타깝지만 그렇게 공갈젖꼭지를 잡아주며 기다렸는데도 공갈젖꼭지를 빠는 데 어려움을 겪는 아기도 있다. 우리 둘째가 그랬다. 울음을 그치게 하고 진정시키는 데까지만 쓸 수 있었고 잠이 들 때까지는 쓸 수 없었다. 손만 떼면 금방 공갈젖꼭지가 밀려나와버렸다. 계속 잡아주고 있기보다 진정하고 울음을 그치는 데까지만 쓰고 진정한 이후에는 다른 방법으로 잠을 재웠다.

공갈젖꼭지를 사용하려고 해도 엄마 마음 한구석은 '중독'이 걱정된다. 공갈젖꼭지를 잘 사용했다는 말보다 중독되어서 떼는 데 애를 먹었다는 말이 더 잘 들리기 때문이다. 그렇다면 공갈젖꼭지를 사용하면서도 중독을 방지하는 방법을 알아보자.

우선 원하는 만큼 빨도록 연습한다. 공갈젖꼭지를 제대로 물기 시작하면 공갈젖꼭지 끝을 엄마 손으로 튕기듯이 좌우나 위아래로 밀어줘서 조금 빠지도록 자꾸 해주면, 아기는 그 공갈젖꼭지를 안 놓치려고 더 세게 물게 되는데 그러면서 원하는 만큼 빨고 뱉고 싶을 때 뱉는 연습을 하는 것이다.

그다음 잠잘 때 물린 공갈젖꼭지는 한번 빠지면 다시 넣어주지 않는 게 좋다. 울음을 달랠 때는 크게 상관없지만 잠에 들어갈 때, 즉 얕은 잠이 시작되고 나면 아기가 공갈젖꼭지를 빠는 힘도 약해져서 빠지게 된다. 그럴 때는 되도록(신생아 시기에는 어쩔 수 없다 하더라도) 다시 입에 넣어주지 말고 토닥이거나 다른 방법으로 재우는 게 낫다.

공갈젖꼭지를 효율적으로 사용한 선배맘들의 사례를 한번 들어보자. 사용하는 데 도움이 될 것이다.

"서서히 아기 일정이 잡히면 배가 고픈 건지 잠이 오는 건지 알 수 있잖아요? 그러면 공갈젖꼭지를 잘 때만 쓸 수도 있을 거예요. 아기 일정 잡아갈 때 시간을 맞추기 위해 공갈젖꼭지를 쓴 적도 있어요. 지금 4시간 일정인데 3시간 30분 정도일 때 좀 찡찡대고 먹으려고 한다, 그러면 시간을 벌기 위해 공갈젖꼭지를 물리고 4시간에 맞춰서 먹여요. 그럴 때 사용해요. 아이가 급성장할 때엔 그 시간도 못 참고 많이 배고파하거든요? 그런데 시간 맞춘다고 울고불고하는 애를 공갈젖꼭지 물려준다고 해서 물진 않아요. 그럴 땐 엄마가 현명하게 '그래, 네가 급성장기가 왔구나. 내가 빨리 먹을 걸 주마' 하고 먹여주셔야죠."

"생후 4주부터 공갈젖꼭지 사용한 맘인데요. 공갈젖꼭지 사용하고 3시간 수유 규칙 바로 잡혔고요, 잠투정 없어졌고요, 5분 내로 잠들었지요. 지금 9개월 3주, 사흘 전 공갈젖꼭지 끊기 시도했는데, 아주 순조롭게 금방 잘 끊었답니다. 코감기가 걸리는 바람에 공갈젖꼭지 때문에 숨도 못 쉬고, 그걸 찾느라 자꾸 깨고 해서 이참에 끊었는데 너무 수월하게 넘어가주네요. 물론, 첫날은 조금 울었죠. 그런데 생각보다 자지러지게 울거나 그러진 않던걸요? 너무 졸리니까 자장가 부르듯이 울다가 자더라고요. 월령이 어릴수록 공갈젖꼭지가 아기들에게 더 많은 위로를 준답니다. 맘 놓고 사용하세요."

"전 조리원에서 나오자마자 공갈젖꼭지 사용했어요. 아기가 먹으며 잠드는 게 너무 싫어서요. 안 그래도 우량아였거든요. 공갈젖꼭지 사용하고 수유시간도 잘 지켜졌고 해서 공갈젖꼭지 만세를 외치며 살았죠(물론, 주위 사람들은 결사반대했지만요). 음, 저도 이거 쓰면서, 애가 배가 고픈지 아닌지 가끔 헷갈려 공갈젖꼭지도 물려봤다 젖병도 물려봤다 했어요. 그러면서 알아가는 거죠, 뭐. 저도 처음엔 책대로만 하려고 성급하게 나서기도 했지만 지금은 책은 내던져버렸어요. 공갈젖꼭지 물리는 게 그렇게 나쁜 건 아니니까 그것도 물려보고 젖병도 물려보고 하세요. 아기 마음을 우리가 다 모르잖아요."

공 갈 젖 꼭 지 에   대 한   F A Q

Q 공갈젖꼭지를 잘 쓰고 있는데 잠이 들어도 안 뱉어내면 어떻게 해야 할까요?
A 공갈젖꼭지를 문 채로 잠을 자면 깊은 잠을 덜 잔다고 한다. 그

래도 아예 안 물려 깊은 잠은커녕 얕은 잠도 못 자는 것보다는 낫다. 물론 잠든 후에 빼주면 더 좋다. 그런데 어떤 아기는 빼는 것조차 힘들 만큼 꼭 문 채로 잠을 잔다. 엄마는 나중에 중독되면 어쩌나 안절부절이다. 이럴 때는 아기가 자고 있는 것을 계속 보고 있는 엄마가 아니라 서양 사람들처럼 아기와 다른 방을 쓰는 엄마라 생각해보면 마음을 편하게 가질 수 있다. 따로 자는 부모는 아기가 1시간 뒤에 공갈젖꼭지를 뱉는지, 30분 뒤에 뱉는지 계속 쳐다보고 있지 않는다. 꿈나라수유를 하러 가서 보게 된다. 그러므로 아기랑 같이 자는 엄마도 꿈나라수유 때나 살펴봐도 무방하다. 아니, 오히려 꿈나라수유 때에야 살펴보는 게 낫다. 아기와 엄마의 수면패턴은 닮아가는 경향이 있어서, 엄마가 자꾸 체크하면 아기도 자꾸 깨서 엄마를 체크하려 들기 때문이다.

Q 공갈젖꼭지가 빠지기 무섭게 바로 잠에서 깬다면? 다시 물려주면 잠들고 빠지면 잠에서 깨기를 반복한다면 어쩌죠?

A 이건 중독 증세가 맞다. 6개월 이전의 아기라면 공갈젖꼭지를 물려줘서 재우는 것과 안 물려주고 다른 방법으로 재우는 것, 둘 중 어느 쪽이 수월한지를 스스로 평가해보고 공갈젖꼭지를 뗄 것인지 아닌지를 결정하는 게 낫다. 둘 다 수월하지 않더라도 그래도 그중 나은 것을 선택하라. 공갈젖꼭지만이 방법은 아니고 다른

방법을 찾을 수도 있다.

6~8개월 이후 아기라면, 공갈젖꼭지를 스스로 입에 넣고 뺄 수 있는 월령이다. 잠을 재울 때만 공갈젖꼭지를 쓰겠다는 생각으로 이제껏 밤에만 썼다면, 지금부터는 낮에도 스스로 넣고 빼는 연습을 해준다. 방법은 다음과 같다.

① 낮에 몇 회씩 공갈젖꼭지를 보여주고 바닥에 두어 스스로 공갈젖꼭지를 입에 넣을 기회를 준다. (연습만 할 뿐 계속 빨게 놔두지는 않는다.)

② 잠자리 근처에 바구니 등의 일정한 장소를 정해서 그 자리에 공갈젖꼭지를 여러 개 넣어둔다.

③ 아기 취침의식 때는 "자, 공갈젖꼭지를 하나 집어들고 입에 넣고, 이제 코 자자" 등등의 키워드를 정해서 늘 그 키워드를 말해준다.

④ 공갈젖꼭지 위치를 알려줄 수는 있지만 직접 공갈젖꼭지를 건네주거나 입에 넣어주지는 않는다.

⑤ 밤에 공갈젖꼭지가 빠져서 깼을 때도 취침의식 때 썼던 키워드를 말하고 공갈젖꼭지를 스스로 집어들도록 연습한다.

⑥ 아기가 반항하며 울 때 안아주거나 달래줄 수는 있지만 공갈젖꼭지를 입에 넣어주지는 않는다.

느림보 수면교육

Q 공갈젖꼭지를 떼면 좋을 시기는 언제이고 떼는 좋은 방법은 무엇인가요?

A 비영양적 빨기욕구가 줄어들고 아기도 손으로 할 수 있는 게 늘어나는 6개월쯤을 공갈젖꼭지 떼기 좋은 시기로 보고 있다. 그러나 더 오랫동안 큰 문제 없이 쓰는 아기도 있으니 6개월부터는 사용을 줄여나가되 너무 스트레스 받으며 공갈젖꼭지를 뗄 시도는 하지 않아도 된다. 공갈젖꼭지에 집착을 보이며 중독되는 아이들의 공통점이 있는데, 부모가 공갈젖꼭지를 떼려는 시도를 계속해왔지만 단호하지 못해 아이가 울면 다시 내주는 일이 반복되었다는 점이다.

아기가 커서 말귀도 알아듣고 이야기도 이해할 시기가 되면 공갈젖꼭지를 떼는 동화(공갈젖꼭지도 할 일을 다 했으니 이제 엄마를 다시 찾아가고 싶어요. 엄마를 찾아가려면 ○○가 공갈젖꼭지를 창틀에 놓아줘야 해요. 이런 식의 이야기를 만든다)를 들려주거나, 대신 다른 장난감을 사준다거나 하는 거래를 시도할 수 있다. 하지만 이런 방법은 아기의 인지가 충분히 자랐을 때의 이야기이고, 공갈젖꼭지를 떼는 비법은 따로 없다.

공갈젖꼭지를 확실히 떼어야겠다는 결심이 먼저 필요하다. 그리고 없애면 된다. 진짜 없애야 한다. 혹시 몰라서 감춰두는 건 소용없다. 이건 이미 엄마가 아직 결심이 서지 않았다는 말이다. 아기

앞에서 모든 공갈젖꼭지를 가위로 잘라내는 행동을 보여주는 것
도 좋다. 그리고 내가 잘하면 아기가 덜 울 거라는 기대는 아예 처
음부터 하지 않는 게 좋다. 사흘 정도는 공갈젖꼭지를 찾느라 죽
어라 울어댈 수 있다. "힘들겠지만 이제 공갈젖꼭지는 너에게 도
움이 되지 않는다고 결론을 내렸어. 우리 같이 참아보자"라고 이
야기하며 달래주자. 공갈젖꼭지, 떼어진다.

아기에게 만족감을 주는 손/손가락 빨기

손 빨기는 태아기부터 이미 시작되는 아기도 있고 보통은 3개월
전후에 아기가 자기 손을 발견(!)하고 가지고 놀기 시작한다. 손을
마주 잡았다 떼고, 주먹을 쥐었다 펴고, 빨아보기도 한다. 이게 바
로 탐험의 시작이다. (이 광경을 목격하면 얼마나 신기하고 기특한지 모른다.
자기 주먹이 뭐 그리 대단한 거라고 저리 눈을 반짝거리며 관찰할까. 엄마도 주먹
을 쥐고 똑같이 바라보게 될 것이다.)

이때부터 아기는 손에 들어온 모든 것을 호기심으로 입에 넣기
시작한다. 뭔가를 빨면서 아기는 사물의 온도, 재질, 모양, 크기 그
리고 그 관계를 구분하기 때문이다.

이와 같이 탐험기의 아기는 자기 손을 빨면 젖병이나 엄마 젖을
빠는 것과 마찬가지로 만족스럽다는 것을 깨닫게 된다. 게다가 손

은 언제나 아기와 함께 있기 때문에 아기가 원할 때마다 손을 빨며 만족감을 느낄 수 있고, 혹 원치 않은 자극이 있더라도 손을 빨면서 그 자극을 덜 느끼도록 차단하는 법도 배운다. 덕분에 아기의 호흡과 심장박동이 안정되어 잠들기도 한다. 그래서 손 빠는 아기들이 순한 아기라는 말이 나온 것이다.

공갈젖꼭지와 마찬가지로 손 빨기를 못하게 하면 역효과를 가져올 수도 있다. 대부분의 아기들은 신체활동이 늘어나면서 부모의 노력 없이(혹은 약간의 노력으로) 스스로 손을 덜 빨게 된다. 그러나 일부 아기는 손 빨기에 중독되는데, 아기들이 왜 손을 빨려고 하는지 이유를 파악하기 전에 부모가 무작정 손을 못 빨게 하는 경우가 많았다고 한다. 부모가 손을 못 빨게 하면 아이는 불안해지고 그 때문에 아이는 안정감을 찾는 행동인 손 빨기에 더 집착하게 되는 것이다. 아이가 의도적으로 손을 더 빠는 것이 아니라, 아이의 두뇌가 손을 빨면서 경험한 만족스러웠던 화학작용을 기억해내고 손을 빨게 되는 것이다.

손을 오래 빨면 치아가 돌출되는 등 문제가 생긴다고 생각하겠지만, 너무 걱정할 필요는 없을 듯하다. 아이의 인지가 자라 의도적으로 손을 안 빨려고 노력할 수 있는 나이까지는, 손 빨기를 떼기만 하면 치아는 다시 원래 자리를 회복한다고 하니까.

아이가 손 빠는 것에 중독되지 않게 하는 최고의 방법은 '이 또한 지나가리라' 하는 느긋한 마음을 갖는 것이다. 그리고 손을 빨면서 특정 활동이 연상되지 않도록 유념하는 게 좋다. 예를 들면 아이들이 TV를 볼 때 손을 자주 빨게 되는데, 혹 잠깐 TV를 보더라도 손으로는 만지작거릴 치발기나 장난감을 준비하는 등 대체 행동을 마련해주면 좋다.

잠자는 데 특효, 햇빛효과/암막효과

시차적응을 못하는 사람들이 빨리 시차에 적응하려고 쓰는 방법 중 하나가 햇빛을 보는 것이다. 햇빛을 보게 되면 생체리듬을 주관하는 서카디안(circadian) 시스템에 새로운 정보를 주게 된다. 이 신비한 햇빛이 아기에게도 동일한 역할을 한다. 오전 중에 햇빛을 충분히 보여주면 늦게 잠드는 아기를 좀 더 일찍 재울 수 있고 엄마의 우울증을 방지하는 효과도 탁월하다. 음식물을 섭취한다고 해도 얻기 어려운 비타민 D를 햇빛을 통해 얻을 수도 있다.

낮을 낮처럼 밝게 하기 위해 햇빛을 보여줘야 한다면, 밤을 밤처럼 여기게 하기 위해서 빛을 차단하는 것 또한 선배맘들의 조언이다. 겨울보다는 낮이 긴 여름에 잠을 자지 못하는 아기에게 필요한 암막커튼은, 설치하고 보니 아기에게뿐 아니라 엄마에게도 유용했다는 경험담이 많다.

"예민한 우리 아기는 새벽녘이 되면 아무리 두꺼운 커튼을 쳐놔도 자동으로 눈을 번쩍 뜨곤 했어요. 그래서 그때는 해야 빨리 져라, 해야 져라, 노래를 불렀죠. 암막 블라인드는 나중에야 알고 구입했어요. 진작 알았더라면 좋았을걸. ㅜㅜㅜ 암막 블라인드를 설치한 이후 기상시간이 약간 늦춰진 좋은 점도 있네요~"

암막커튼의 비용이 부담스럽다면, 속삭임 선배맘의 경제적인 아이디어를 활용해보면 어떨까? 마트 전단지(창에 붙여놓으면 아늑하다고 한다), 크래프트지, 쿠킹호일, 기저귀 박스, 검정 도화지, 시트지 등등 활용할 수 있는 대체재는 다양하다.

아기의 긴장을 풀어주는 마사지

임신출산 교실의 넘버원 강의가 통상 베이비마사지이니, 마사지에 대한 효과는 누구나 잘 알 것이다. 신생아 시기(만 2주)에 14일간 마사지 테라피를 받은 아기들은 만 12주경에 잠 호르몬으로 알

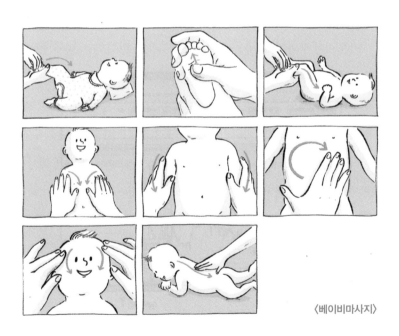

〈베이비마사지〉

려진 멜라토닌이 훨씬 많이 분비되었다고 한다. 마사지는 긴장을 풀어주는 데 도움이 된다. 특히 아기가 뒤집기를 하거나 서기 연습을 하면서 근육의 움직임이 많아질 때는 낮잠을 재우기 전에 어깨랑 다리를 꾹꾹 주물러주면 아기가 참 좋아한다. 마치 안마를 받는 어른처럼 말이다.

베이비마사지 강좌를 듣다 보면 값비싼 마사지 오일을 구매하고 싶어지는데, 사실 마사지 오일은 굳이 비쌀 이유가 없다. 어차피 아기에게 마사지를 하다 보면 아기 입에 들어가는 일도 있으니 식용으로 쓰는 올리브오일이나 포도씨오일을 그대로 써도 괜찮다(식용 오일을 아기에게 발라주다 보면 뭔가 이상한 기분이 드는 게 문제일 뿐이다). 또 엄마가 좋아하는 에센스 오일이 있다면 마사지 오일에 에센스 오일을 한두 방울 떨어뜨려 사용하는 것도 도움이 된다.

아로마테라피의 효과는 단지 기대효과일 뿐이라는 말도 있지만, 엄마가 평소에 좋아하는 향을 맡으면 기분이 좋아지고 그렇게 되면 아기에게도 좋은 영향을 주는 것이 당연하다. 아기에게도 해롭지 않은 에센스 오일이라면 피할 이유가 없다. 나도 라벤더 에센스 오일을 즐겨 이용했는데, 라벤더 효과로 아이들이 잘 자게 된 것은 아니다. 대신 아기 수면의식 중에 라벤더향이 들어간 스프레이를 아기 침구와 내 잠옷에 뿌리다 보면 기분이 좋아져서 아기 재우는 스트레스가 줄어드는 효과는 있었다.

아이와 엄마의 중간자 역할, 러비(애착인형)

최근에는 아기인형을 러비 또는 애착인형이라 부르곤 한다. 다양한 애착인형이 팔리고 있는데, 이 또한 큰아이를 낳아 키우던 10년 전과는 분위기가 많이 달라졌다. 그때만 해도 특히 남자아이가 인형을 가지고 있으면 남성성 감퇴를 우려하는 분위기였던 데나가 여자아이라도 인형을 들고 다니는 아이는 '엄마의 사랑이 부족한' 아이로 의심받곤 했었다. (물론, 지금도 남자아이에게는 잘 사주지 않는 것 같다.)

러비(애착인형)는 엄마와 아이 사이에서 중간자 역할(transitional object)을 한다. 수면과 관련해 설명하자면, 아기가 자다 깼을 때 엄마 대신 꼭 끌어안고 잘 중간자 역할을 하는 것이다. 보통 러비는 우리나라 번역처럼 인형인 경우가 많지만, 〈스누피〉에 나오는 라이너스 같이 이불인 경우도 상당히 많다.

서구에서는 사진처럼 작은 이불에 아기가 빨 만한 인형 얼굴이 달려 있는 제품이 더 많이 상용화되어 있다. 면으로 된 천에 인형 얼굴만 달아주면 되는 거라, 손재주가 있는 엄마라면 금방 만들 수도 있다.

사실 아기에게는 영아돌연사 가능성이 있어서 아기 잠자리 주변에는 이불, 인형, 베개를 놔두지 않는 것이 좋다. 돌 이전까지는 영아돌연사의 위험이 존재하니 그때까지는 러비(애착인형)도 사용하지 않는 것이 가장 안전하다. 그러나 아기가 자기 방에서 따로 자는 서구 문화에서는 뒤집기를 자유자재로 할 즈음이 되면 애착인형을 사용하는 경우가 많다. 우리처럼 아기와 엄마아빠가 함께 자는 문화에서는 러비(애착인형)가 보편적이지는 않다. (두 아이에게 이런 러비를 만들어주려 시도했었는데, 큰아이는 내가 원래 만들어주려던 인형 대신, 만 4개월에 자기가 흥미를 보인 인형을 러비로 삼았고, 둘째는 여러 인형을 동시에 아끼느라 딱히 러비가 된 인형은 없었다.)

러비는 아기가 자다 깼을 때 스스로 잠들게 하는 데 도움이 되기는 하지만, 6개월 이전에는 큰 효과가 없는 것 같고 6~12개월 이후에야 효과를 나타낸다. 러비를 스스로 만들었던 큰아이의 경우에도 만 8개월쯤부터 자다 일어나면 꼭 러비를 들고 다녔었다. 더 자라서는 러비를 쪽쪽 빨다가 자기도 했다.

엄마의 사랑이 부족해서 이런 인형에 집착하는가 궁금하겠지만, 오히려 엄마아빠와의 유대관계가 돈독한 아기들이 러비를 가지고 다니려는 경향이 강하다고 한다.

러비를 만들어주고 싶다면 처음부터 잠자는 시간에 바로 사용할 게 아니라, 수유할 때 엄마와 아기 사이에 러비를 끼워넣어 아기가 익숙해지는 시간을 주는 것이 좋다. 엄마의 체취가 스며들게 해주면 더 좋다. 아기가 러비에 익숙해져 늘 가지고 다니려는 경향이 보인다 싶으면 빨래를 할 때나 분실할 때를 대비해 동일한 러비를 하나 더 구입해두는 것이 현명하다.

느림보 수면교육

여기까지 우는 아기를 달래는 여덟 가지 비법을 살펴보았다. 비법이라 하긴 해도, 개중엔 "아무것도 소용없더라"며 화를 내는 엄마들도 있을 것이다. 그저 시간만이 비법인 아기도 있다. 그런 아기를 가진 엄마라면, 내가 아기를 잠깐 봐주고 싶은 마음이다. 그동안 엄마는 잠을 좀 자게 해주고 싶다, 정말로.

우는 아기 달래는 방법, 중독되면 어쩌나?

위의 여덟 가지 방법을 소개하면 곧바로 받는 질문이 "이런 것들에 중독되면 어쩌죠?"이다. 각 방법의 FAQ에도 나왔듯이 말이다. 잠버릇[잠을 자는 데 연상작용을 한 버릇을 '수면연상'(157p)이라고 한다]의 생사(生死)를 그래프로 그려보자면 이렇다.

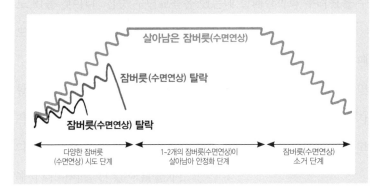

초기에는 다양한 방법의 잠버릇(수면연상)이 시도된다. (사실 시도하고 싶어서 계획적으로 시도하는 게 아니라, 엄마가 생존을 위해서 알고 있는 모든 방법을 동원하는 것이겠지만.) 그중 일부는 아기에게 효과가 없어 탈락되고 한두 가지의 잠버릇(수면연상)이 아기에게 효과가 있어 살아남는 안정화 단계가 된다. 그러다 언젠가 차츰차츰 소멸된다.

살아남은 잠버릇이 무엇이든 간에 좋다 혹은 나쁘다 말들이 많다. 우유가 몸에 좋은지, 안 좋은지 말이 많은 것처럼. 그런데 안 좋다는 말을 듣고 안 쓰게 되어 아기가 잠을 못 자면, 그건 좋은 것인가? 그게 내 의문이었다.

그 의문을 해결해준 분이 계시다. 서울스페셜수면신경과의원 한진규 원장님이다.

CJ 스토리온의 〈미라클 스토리, 탄생〉 '우리 아이 숙면의 비법' 편을 함께 찍는 영광을 누리게 되어 원장님께 질문할 기회가 생겼다. (나는 솔직히 방송보다 한진규 원장님의 '수면' 이야기를 듣는다는 게 더 기뻤다. 내가 이제껏 아기 잠에 대한 공부를 해왔지만 그분은 진짜 국내에서 손꼽히는 전문가니까.)

"선생님, 저희도 잘 알아요. 이런 것이 습관이 되어서 나중에 이것들 없이 잠을 못 자면 안 좋다는걸요. 그런데 또 엄마 입장에서는 선생님 같은 전문가께서 말씀하신 걸 들으면, 이런 게 안 좋으

느림보 수면교육

니까 이런 거 아예 쓰지 말고 재워야 한다고 들리거든요. 그렇지만 이런 잠버릇 하나도 없이 애 재우는 거, 너무너무 힘든 아기랑 엄마도 있어요. 안 좋다고 하니 쓸 수도 없고, 그렇다고 잠버릇 없이 재우려고 하다 보니 결국 애는 못 자고 힘들어하는데 그건 괜찮은 건가요?"

방송 덕에 원장님께 이렇게 여쭐 기회가 있다는 게 얼마나 다행스러웠는지 모른다. 내 오랜 의문에, 원장님은 전문가답게 아주 간단하고 명료하게 답변해주셨다. 당연한 건데 이 사람들은 모르는구나, 싶은 확신에 찬 말투였다. 내 나름으로는 고민하다 답변하실 걸로 생각했는데, 바로 술술 나왔다.

"아, 그게요, 잠버릇이 오래되어서 나중엔 그것 없이 잠을 못 자게 되면 안 좋은 건 맞아요. 하지만 아기가 잠을 못 자는 게 오래되면 그것 또한 습관이 돼요. 그러면 그것도 안 좋은 거죠. 아기가 잘 수 있는 방법이 있으면 일단 재우고 나중에 잘 자기 시작하면, 그 방법 없이 잘 수 있게 조금씩 떼어가면 되는 거예요."

위의 그래프에서 안정화 단계가 되면, 이제 서서히 잠버릇의 도구 없이 잘 수 있도록 해볼 용기를 내야 한다는 말씀인 것이다. 그렇다. 용기가 필요할 뿐이다. 아기가 한 방법으로 잘 자면, "우리 아기는 그 방법으로만 자" 하고 단정 짓는 것이야말로 위험한 일이다. 그렇다는 생각에 엄마가 먼저 중독이 된 것이다. 그 방법을 계속 쓰는 것은 결국 엄마이기 때문이다. 그래서 그 방법을 안 쓰기로 할 용기도 엄마가 내야 한다.

그런데 '아, 이제 잠버릇(수면연상) 없이도 재워봐야겠다' 싶어 용기를 한번 냈는데, 아기가 너무 심하게 울어댄다? 그러면 잠시 보류하면 된다. 포기하지 말고 잠시 보류하라. 그리고 다음에 또 한번 용기 내보라. 될 때까지. 해보고, 허걱 깜놀하고. 또 해보고, 허걱 깜놀하고. 다시 해보고. "어랏? 이번엔 좀 괜찮네?" 하고. 그러다가 "아, 드디어 끝났다" 하는 날이 오는 것이다.

그런데 이게 꼭 수면연상을 없애는 것에만 해당되는 게 아니라, 아이 키우는 과정 전체가 그런 것 같다. 하나씩하나씩, 긴 시간을 기다리고 기다려서 그렇게 아이는 커나가는 것 아닌가.

느림보 수면교육

5

아기 울음에 대한 분노와 죄책감

아기를 낳기 전부터 "엄마는 아기의 울음소리만 들어도 그게 뭘 의미하는지 안다"는 말을 수없이 들어 왔다. 그런데 나는 정말 아기 울음소리가 뭘 의미하는지 알 수가 없었다. 아기 울음의 의미를 알아야 한다는 의무감에 빠져 있다 보니 무기력증이 밀려왔다. 그리고 아기가 울기만 해도 그 자리에서 도망치고 싶을 만큼 견디기 힘들었다. 아기의 울음도 알지 못하는 나는 곧 낙제 엄마라는 생각을 갖게 되었고, 그러자 아기의 울음이 더더욱 견딜 수 없었다.

얼마 전 질문게시판에 두 달 된 아기 엄마의 글이 올라왔다.

"아기 울음소리 정말 싫어요. 저 나쁜 엄마거든요. 용쓰는 것도 싫고 울음소리도 싫고……."

나쁜 엄마가 '나는 나쁜 엄마'라고 어디 가서 고백을 하겠는가. 나쁜 엄마라기보다는 엄마로서의 의무감이 강한 엄마일 뿐이다. 피곤한 엄마이고 이제 좀 쉬고 싶은, 휴식에 대한 목마름을 가진 엄마일 뿐이다.

아기의 울음소리는 사람을 경각시킨다. 울음을 달래도 달래지지 않는 아기를 안고 있을 때 시어머니나 친정엄마는 "애기를 왜 울려?"라고 묻곤 한다. 하지만 그건 '울리는' 것이 아니다. 아기의 울음이 달래지지 않는 것뿐이다. 울음을 달래지 못하면 아기를 '울리는' 것이라고 표현하는 건 엄마의 죄책감만 불러일으킬 뿐이다. 어느 엄마가 자기 아기를 일부러 울리고 싶을까?

아기는 아직 말이 부족해서 울음으로 부정적인 감정과 느낌을 표현한다. 의사소통의 한 수단일 뿐이다. 아기를 달래지 못한다고 해서 나쁜 엄마일 리 없고, 아기의 모든 울음을 달랠 수 있으리라 기대하는 것 또한 어불성설이다.

아기가 울어도(건강상의 이유가 아니라면) 그건 건강한 울음인 경우가 훨씬 많다. 아기 입장에서도 울어서 나쁠 게 없다. 엄마가 그 울음을 달랠 수 있으면 좋은 것이고, 혹여 울음을 달랠 수 없어도 괜찮다. 그리고 때로는 굳이 달래지 않아도 괜찮은 울음도 있다!

아기가 울어도 괜찮다고 의식적으로 노력하는 게 좋은데, 그것이, 관심 있는 부모라면 아이가 자라며 더 자세히 배우게 될 '감정코칭' 또는 '공감육아'의 기본이 되기 때문이다. 아기의 울음을 무시하라는 의미는 아니다. 아기가 울 때 그저 옆에 있어주는 것만으로도 아기의 문제가 해결되는 경우가 많다. 울음은 그 자체로 감정순화에 도움이 되기도 하니, 울음의 긍정적인 면을 기대해도 좋다. 울음에는 힘이 있다.

6

아기에게도 힐링이 필요하다

알면서도 현실에서 닥치면 머리가 어지러워지고 알고 있던 내용도 아무 소용이 없어지는 게 하나 있다. 바로 앞에서 이야기한 '아기 울음은 의사소통의 수단'이라는 사실이다. 안다, 안다니까. 그런데 자지러지는 아기 울음소리를 듣기만 하면 이성이 가출을 해버린다. 나는 가끔씩 아기가 우는 사진만 봐도 이성이 가출할 것만 같다.

아기의 울음은 아기의 유일한 의사소통 수단이라서 배고프다고, 졸립다고, 트림시켜달라고, 배에 가스 찼다고, 뭔가 불편하다고, 운다. 그게 아기의 의사표현 방법이다. 그런데 아기 울음에는 이러한 의사소통 수단으로서의 역할 외에도 또 하나의 역할이 있다. 바로 힐링을 위한 역할이다.

어웨어 패어런팅(Aware Parenting) 그룹을 이끌고 있는 알레사 솔터(Aletha J. Solter) 박사가 그런 주장을 하고 있다. 일본에도 힐링으로서의 아기 울음을 지지하는 사람이 있다. 《내 아이가 우는 이유》의 아베 히데오[阿部秀雄] 박사다. 두 사람이 실제 아는 사이인지는 모르겠지만, 그 둘의 견해가 상당히 비슷하다.

아기가 우는 것은 이유가 있다고는 하지만(의사소통의 수단), 앞에서 이야기한 '퍼플 울음절정기'처럼 아기 울음을 연구하는 사람들조차 우는 이유를 알 수 없는 시기가 분명히 있다. 어웨어 패어런팅에서는 이렇게 이유를 알 수 없는 아기 울음은 바로 힐링을 위한 울음이라고 생각한다. 기질이 예민하거나 강한 아기라면, 임신이나 출산 등으로 받았을 스트레스나, 다른 아기보다 강렬하게 느끼는 스트레스를 분출하기 위해서 우는 거라고 보는 것이다.

이런 울음은 정상적인 울음이고 오히려 '잘 울면'(혹은 실컷 울면) 힐링을 위한 울음이 될 수 있다고 주장한다. 실컷 울기만 해도 스트레스 호르몬은 눈물과 함께 흘러내리게 되고, 심장박동이 느려지고 혈압도 낮아지게 된다. 그리고 곧 잠드는 분위기로 이어지는 경우가 많다.

아기의 울음을 그치게 하려는 부모의 선한 노력이 때로는 역효과를 낼 수도 있다는 말이다. 그럼 어웨어 패어런팅에서는 아기를 혼자 울려 재우는 수면교육을 지지하느냐 하면, 그건 또 아니다. '퍼버법'(236p)으로 알려진 혼자 울게 하기 수면교육을 지지하지는 않는다. 그래서 울더라도 '크라잉 인 암스(Crying-In-Arms)', 즉 '엄마 품에서 울기'여야 한다고 한다. 아기에게 필요한 것들이 다 채워졌는데도 아기가 운다 싶으면 이때부터는 '그저 울 필요'가 있는 울음이기 때문에 엄마가 품이나 옆을 내주고 아기 울음을 잘 버텨주기만 하면 된다는 것이다.

아기가 젖을 안 준다고, 흔들어주지 않는다고, 토닥여주지 않는다고, 서서 돌아다녀주지 않는다고 더 화를 내는 것 같더라도 괜찮다. 오히려 울음을 서둘러 그치게 하는 바람에 누적된 스트레스를 발산할 기회를 빼앗을 수도 있다.

엄마의 역할은 아기 울음을 '당장' 멈추게 하는 것이 아니라, 아기가 기대어 실컷 울어도 괜찮을, 믿을 만하고 든든한 '어깨' 역할을 해주는 것이다. 그렇게 실컷 울고 나면 몸이 이완되면서 아기가 더 오래 자는 경험도 할 수 있다.

그래서 나는 종종 이렇게 이야기하곤 한다. 아기의 필요를 채워줬는데도 계속 운다면 아기를 달래는 시간은 앞으로 딱 20분으로 충분하다고 생각하라고. 그 20분 동안 안고 걸어다니고 흔들어주는 등 아기를 달랠 수 있는 모든 방법을 동원하되, 20분이 지났으면 달랠 시간은 다 지난 것이다. 이제부터는 울음을 버틸 시간이다. 20분이 지나면 다른 것은 필요 없다. 엄마의 역할은 이제 아기가 실컷 울도록 도와주는 '든든한 어깨'가 돼주는 것이면 된다.

"우리 아기도 잠투정을 울면서 하는데 안 달래질 때가 있어요. 안아도 울고 내려놔도 울고 음악을 틀어줘도 울고 그럴 땐 그냥 내려놓고 울게 내버려둬요. 한 5분 정도 시간을 보면서 제가 견딜 수 있을 때까지 놔뒀다가 다시 안아주면 흐느끼긴 하지만 금세 진정하며 평온해지고 잠이 들어요. 그렇게 운 날은 5시간 통잠을 잔답니다. 근데 눈물이 안 나면 진짜 우는 건 아니겠죠? ㅜㅜ 가짜 울음으로 악쓰면서 울기도 해요. 마음 약해서 퍼버법은 못하는 5개월차 엄마예요. 늘 글 보며 위안을 얻어요!"

20분 동안 최선을 다한 후에는 버티면 된다. 그게 아기에게 더 좋은 울음이고 더 합리적인 엄마의 역할이다.

7

아기 혼자 울게 해야 하는 때도 있다

아무리 우는 아기 곁에서 버텨주고 싶다 해도 어떨 때는 아기를 혼자 두어야 할 경우도 (안타깝지만) 있다. 요즘 육아 필수과정으로 여겨지는 수면교육을 하라는 의미는 아니다. 그렇지만 아기를 키우다 보면, 솟구치는 분노를 자제하지 못하는 때가 있다. 인정하고 싶지 않지만 그런 때가 있다.

"하루 종일 칭얼대는 아이 소리에, 얼마 전에는 너무 참기가 힘들어서 제가 아이를 어떻게 할까봐 울컥하는 마음에 자해하기도 했어요. 제 스스로를 진정시키기 힘들 때가 있어요."

부모 자신이 자해하고 싶은 충동이 들 만큼 힘들거나 아기에게 해를 끼칠 것 같은 충동이 일어날 때는 아기를 혼자 울게 두고 멀찍이 떨어져 있어야 한다. 감정이 끓어올라 결국 아기에게 소리를 지른다거나 때릴 때를 10의 감정이라 치고, 분노가 7~8에 이르렀을 때는 아기를 달래려 하지 말고 안전한 곳에 둔 뒤 잠시 아기에게서 떠나 있는 것이 좋다. 잠깐 쓰레기를 버리러 갔다 온다거나 친한 사람과 통화를 하거나 샤워를 해도 좋다. 아무튼 거리를 두는 것이 필요하다.

심호흡을 하면서 마음이 가라앉기를 기다려야 한다. 진정되지 않으면 아기에게 돌아가지 않는 게 낫다. 완전히 진정되지 않은 채 아기에게 돌아가면 갑자기 10이 될 수 있다. 최대한 마음을 가라앉히고 미안한 마음이 들 때 아기에게 돌아가도 늦지 않다.

아무리 아기 정서가 중요하다 생각해서 아기가 울더라도 옆에서 버텨주려고 한들, 아기와 엄마 모두 몸이 성한 게 먼저다. 한두 번쯤 아기가 혼자 울었다고 해서 큰일이 생기는 건 아니다. 아기 정서 때문이라며 참고 있는 게 오히려 독이 될 수도 있다.

이런 일이 연속적으로 또는 장기간에 걸쳐 일어나지 않도록 주의해야겠지만, 한두 번쯤 그렇게 혼자 울어보지 않은 아기는 별로 없을 것이다. 나도 이런 일이 한두 번씩은 있었는데, 이렇게 아기를 혼자 울게 해도 괜찮은 때가 있다는 것을 큰아이를 출산한 병원에서 준 책자를 보고 알았다. 아마도 이런 일이 벌어질 때까지 무작정 참고 기다리고 있다가는 '흔들린 아기증후군'처럼 큰 사고로 이어질 수 있기 때문에 책자도 나눠주는 것이 아닐까 싶다.

혼자 울게 하는 수면교육을 하지 않더라도 이런 때가 있을 수 있다는 것이다. 혹 수면교육을 했고 성과가 좋았던 아기였더라도 이런 때가 있을 수 있다. 장기적으로 이어지지 않는다면, 아기가 혼자 운다고 해서 큰일 나지는 않는다. 괜찮다. 괴로운 마음을 억지로 참다가 폭발해서 큰일이 나는 것보다는 훨씬 낫다. 엄마가 되었다고 해서 갑자기 슈퍼우먼이 될 필요는 없다. 보통 인간처럼 엄마도 화가 나고 화를 낼 수도 있다.

그런데 아기를 일부러 울리는 엄마도 있다. 어쩌면 따로 그런 엄마가 있는 게 아니라, 우리 마음속에도 아기를 울리는 엄마의 모습이 조금씩은 있지 않을까 싶다. 언젠가 〈아기와의 즐거운 속삭임〉에 올라온 글을 읽고 깜짝 놀라 많은 생각을 한 적이 있다.

백일이 안 된 손주를 보러 시어머니께서 오셨다고 한다. 아기 엄마는 아기가 손 탈까봐 울어도 매번 안아주지 않았는데, 시어머니께서 오셔서는 아기를 당최 품에서 내려놓지 않으셨단다. 아기 엄마는 자신인데, 수유도 재우는 것도 안아주는 것도 뜻대로 할 수가 없었다. 그렇게 시어머니께서 며칠간 계시다가 집으로 돌아가신 첫날, 아기를 바닥에 눕혀놓고 울게 내버려두고는 왠지 모를 후련함을 느꼈다고 했다.

'아기가 우는데 후련함을 느낀 엄마, 이상한 거 아닌가?' 의아해하며 오랫동안 왜 그랬을까 생각해봤는데, 한편으론 이해할 수도 있을 것 같았다. 어쩌면 그 엄마 본인이 답답하고 울고 싶었던 게 아닐까. 엄마 자신이 울기에는 자존심이 허락하지 않고, 아무튼 여러 가지 복잡미묘한 감정을 느꼈을 것이다. (이런 일. 절대 없을 거라고?)

울음에는 이렇게 다양한 힘이 있다. 의사소통을 하기도 하고, 자기 자신의 스트레스를 날려버리기도 하고, 타인의 감정 순화를 대신해주기도 한다.

이렇게 아기는 새롭다. 어른 입장에서 보면 자신들과는 완전히 다른 면이 있다. 아기의 새로움을 이해하고 있으면 여러 문제에 대처하기 쉽다. 아기는 출생 후 백일간 임신 4기를 보낸다. 그 임신 4기 동안은 자궁 밖의 태아(48p)라 생각하고 여유를 가질 수 있었으면 좋겠다.

그렇지만 알고 있다고 해서 모든 문제가 해결되지는 않는다. 그 중에서도 아기의 울음과 그 울음이 깊게 연관되어 있는 아기의 잠 문제는 너무너무 어렵다.

다음 장에서는 아기가 왜 이렇게 잠을 못 자는지, 그 이유를 먼저 알아보려 한다. 수면교육을 하더라도 엄마가 그 이유를 먼저 알고 수면교육을 하는 게 순서가 아니겠는가? 다음 장의 내용만 알아도 아예 수면교육을 하지 않기로 결정하는 엄마들이 나올 수도 있을 것이다.

Chapter

3

:

엄마가 받는 수면교육

:

잠자게 놔두세요.
깨어나면 태산을 움직일 테니.

나폴레옹 보나파르트(Napoleon Bonaparte)

1

⋮

10년 전엔 없었던 단어, 수면교육

　육아 사이트를 운영한 지 10년이 넘다 보니, 지난 10여 년 동안의 우리나라 육아방식의 트렌드를 꽤 세세하게 기억하고 있는 편이다. 한때는 책 읽어주기가 한창 강조되다가 지나친 책 읽기로 인한 후유증이 논란이 되기도 했다. 예방접종의 부작용에 대한 논의가 확산되면서, 관련 내용을 모르는 엄마가 없을 정도로 관심이 일반화되기도 했다. 아이의 마음을 이해하려 노력하는 공감육아 혹은 감정코칭 육아가 표면적인 수준에서나마 널리 보급되기 시작했고, 최근엔 '좋은 엄마'라는 부담스러운 위상보다 '덜 좋은 엄마라도 스스로 행복한 엄마'가 되는 것이 더 의미 있다고 여기는 움직임도 생겨났다. 이런저런 트렌드나 화두가 생겨났다가 사라지기도 하고 새롭게 부각되기도 해왔다.

그중에서도 가장 크고 지속적인 변화를 꼽자면, '수면교육'이 육아의 필수과정으로 인식되어오고 있다는 점이 아닐까 싶다.

2005년 큰아이를 낳은 후, 아기 잠에 대한 정보가 절박했다. 아이의 잠투정이 여간 심한 게 아니었기 때문이다. 그 무렵 우리나라 육아 사이트나 육아 서적에 '수면훈련'이라는 용어가 등장하기 시작했다. 영어로 슬립 트레이닝(sleep training)이니 '수면훈련'이라고 번역하는 것이 틀린 것은 아니지만, 왠지 '아기'와 '훈련'이라는 단어가 어울리지 않는 짝처럼 느껴졌다. '훈련'이라고 하면 군복을 입고 연병장을 달리며 고생하는 군인의 이미지가 먼저 떠올랐기 때문이다. 누군가의 지시를 반드시 따라야만 하고, 제대로 해내지 못하면 가혹한 벌이 기다리고 있을 것만 같았다.

용어에 대한 인상을 차치하고서라도 수면훈련에 대한 질 좋은 정보를 찾기도 그리 쉽지 않았다. 당시 인터넷에서 찾아볼 수 있는 한국어 정보는 빈약하기 짝이 없었다. 영어 자료를 요약 번역한 수준을 벗어나지 못했다. 그것도 어느 한쪽 주장에 편중된 자료뿐이었다. 그런 까닭에 우리나라에는 우리 아이처럼 잠투정이 심한 아기가 별로 없는 줄로만 알았다. 정보가 부족하다는 것은 찾는 사람이 드물다는 이야기이고, 그만큼 대다수 부모에게 아기의 수면은 별로 중요하지 않은 일인가 보다 싶었던 것이다.

그래도 혹시 우리 아이처럼 잠투정이 심해 걱정하는 엄마들이

느림보 수면교육

있지 않을까 싶어, 나름으로 알아낸 아기 잠에 대한 정보를 웹사이트를 만들어 올리기 시작했다. 그러자 이런저런 경로를 통해 방문한 엄마들이 '수면훈련'에 대해 질문하기 시작했다. 같은 고민을 안고 있는 엄마들이 적지 않았다. 나는 우선 '수면훈련'이라는 단어를 쓰는 사람들에게 내 의견을 알렸다.

"아기의 잠버릇을 고치는 것을 '훈련'이라고 생각하지 않았으면 좋겠어요. 단기간에 끝내야만 하고 혹시 제대로 하지 못하면 벌을 받아야 하는 낙오자 느낌으로 아기의 잠버릇을 고치려 하지 않길 바라요."

그로부터 몇 년 후 《베이비 위스퍼 골드》라는 책의 번역 초고를 검토해달라는 의뢰를 받았다. 그 번역 원고도 '수면훈련'이라는 단어를 사용하고 있었다. 다른 단어가 없었기 때문이다. 영문 해석 그대로 하면 틀린 것은 아니겠지만, 굳이 그렇게 강한 표현을 사용할 필요가 있는지 의문이라는 의견을 주었다. 그 때문인지 모르겠지만, 출간된 도서에는 '수면훈련' 대신 '자는 법 가르치기'와 '잠자기 훈련'이라는 용어를 사용하고 있었다. 여전히 '훈련'이라는 말이 들어가긴 했지만 조금은 부드러워진 느낌이었다.

그렇게 흔히 사용되던 '수면훈련'이라는 단어가 사라지기 시작한 데는 육아 분야 베스트셀러를 여러 권 쓰신 하정훈 박사의 힘이 가장 컸다. 그분 덕분에 이제는 '수면훈련' 대신 '수면교육'이 일반적으로 사용되고 있다. 바람직한 방향이라고 생각한다.

정말 흥미로운 점은, 10년 전에는 용어조차 없었고 관련 정보를 찾기조차 어려웠던 수면교육이 지금에 와서는 마치 하지 않으면 '아기의 푹 잘 권리'를 빼앗는 나쁜 엄마가 되는 듯 절대적인 과정으로 받아들여지고 있다는 것이다. 불과 10년 만에 일어난 변화다. 아기의 잠 문제는 예나 지금이나 본질상 딱히 변한 것이 없는데, 엄마는 육아방식의 변화에 민감하다.

모두들 수면교육이 필수라고들 하니, 요즘 엄마들은 아기가 엄청나게 울더라도 꾹 참아가며 반드시 성공해야 한다는 부담감을 지니고 산다. 혹여 아기가 아직도 밤에 깬다고 하소연이라도 하면, 돌아오는 시선은 냉랭하기만 하다. 왜 아직도 수면교육을 하지 않느냐고, 좋은 엄마, 공부하는 엄마 맞느냐고.

물론 아기가 잠을 잘 못 자면 온 가족이 힘들다. 아기 건강이나 정서발달에도 잠은 중요하다. 그러니 적정한 수면교육은 필요하다. 하지만 무작정 통잠을 재우려 애쓰기 전에, 왜 아기가 잠을 잘 못 자는 것인지, 왜 그렇게 잘 깨는 것인지 그 이유를 엄마가 먼저 알아야 순서가 맞다. 그런 이해가 선행되지 않은 채 그저 잘 재우는 방법만 찾는다면, 그것이 과연 효과적인 육아방법이라고 할 수 있을까? 외려 부작용이 생기는 건 아닐까?

아기가 잠을 잘 못 자는 이유를 이해하고 나면, 이 힘든 시기를 좀 더 잘 견뎌나갈 수도 있고 적절한 시기에 적정한 수준의 수면교육도 할 수 있다. 나름대로 수면교육을 시도했는데 결과가 좋지 않아 좌절하는 대신, 아직 시기가 아닌가 보다 여길 수 있는 여유도 가질 수 있다. 실제로 아기의 잠 문제는 생후 3~4개월만의 문제가 아니라 아기가 어른처럼 잠을 잘 수 있을 때까지 호전과 퇴행을 반복하는 문제이기 때문이다. 이 역시 아기 잠에 대해 제대로 이해하면 알 수 있는 사실이다.

먼저 제대로 알고 나서 수면교육을 시도하는 것이 어떤 면에서보더라도 옳다. 그래서 아기보다 엄마가 먼저 수면교육을 받아야한다. 나는 이 책에서 생후 직후부터 적용할 수 있는 아기 잠재우기방법을 포함해, 아기 잠에 관한 이론적인 이야기를 먼저 할 것이다.이른바 엄마가 받는 수면교육이다. 그러니까 이번 장에서는 수면교육을 할까 말까 망설이는 엄마들이 먼저 들어야 할 이야기를, 그리고 4장에서는 선택을 도와줄 공평한 정보들에 대한 이야기를, 5장에서는 수면교육이 필요한 경우, 단기간 혹은 장기간에 걸쳐 실행할 수 있는 아기의 수면교육에 대한 이야기를 할 계획이다. 아무리 생각해도 이 순서가 바람직하다.

2

⋮

아기 잠, 대체 무엇이 달라서?

아기는 아무 때나 잠을 잔다

성인의 잠과 아기의 잠은 무엇이 다른가.

성인은 낮잠을 가끔 자긴 해도 보통은 밤에 한 번에 몰아서 자지만, 아기는 밤낮 상관없이 아무 때나 잔다. 신생아일수록 아무 때나 잔다. 밤낮이 없다. 아직 생체리듬이 제 역할을 하지 못해서 그런 것으로 알려져 있는데, 3~4개월이 되어 코르티솔과 멜라토닌 등의 생체리듬을 조절하는 호르몬을 스스로 만들어내기 시작하면 생체리듬이 점차 자리 잡아 일정한 시간에 잠을 자고 깨게 되는 것이다. 이런 이유로 백일쯤 되면 '백일의 기적'을 경험하기도 한다.

어른은 밤에 몰아 자는 반면, 아기는 생체리듬이 자리 잡지 않고 작은 위 크기로 인해 자주 먹어야 하므로 밤낮 구분 없이 잠을 잔다. 생후 6~12주경이 되면 밤낮을 구분하며 밤에 더 길게 자게 된다.

〈성인과 아기의 잠 차이〉

생체리듬을 조절하는 호르몬의 분비는 '빛'과 '어둠'에 영향을 많이 받는다. 빛이 눈으로 들어오면 낮이라 생각하고, 깜깜해지면 밤이라 생각한다. 아직 생체리듬이 충분히 발달하지 않은 4개월 미만의 아기라 하더라도 다행히 빛과 어둠, 그리고 그에 따라 생활하는 가족의 행동을 보고 자신이 해야 할 일을 눈치채게 된다.

출생 후 처음 몇 주는 밤낮이 바뀐 채로 생활하는 것이 그다지 낯선 이야기는 아니지만, 3주에서 6주 정도가 되면 낮에는 더 많이 깨어 있고 밤에는 좀 더 많이 자는 패턴이 서서히 나타나고, 12주경에 밤낮이 뚜렷해지는 것이 보통이다. 아기가 생후 10주가 지났는데도 아직 밤낮이 바뀐 채로 생활하는 가족이 있다면 혹시 밤에 집 안의 조명이 너무 밝은 것은 아닌지 먼저 확인해볼 필요가 있다.

한두 돌이 지났는데도 여전히 밤에 잠들기 힘들고 자주 깨는 아이들의 원인을 찾아보면 호흡이나 철분 부족 등의 다양한 신체적 원인도 있긴 하지만, 공통적인 원인으로 꼽는 것이 하나 있다. 그런

아이들의 집 안 환경을 살펴보면 밤에도 낮처럼 밝게 조명이나 TV
가 켜져 있는 것을 흔히 볼 수 있다는 점이다. 처음에는 아이가 안
자니까 조명을 켜두던 것이, 나중에는 조명 때문에 아이가 더 못 자
는 악순환이 반복되는 것이다.

낮은 낮처럼 밝게, 밤은 밤처럼 어둡게 환경을 조성하는 게 우선
이다. 꼭 조명이 필요하다면 낮에는 흰색 조명, 밤에는 황색 조명을
사용하는 게 좋다.

아기는 수면단계와 주기가 어른과 다르다

이번엔 조금 복잡한 수면패턴 이야기인데, 아기 잠의 패턴에 대해 설
명하기 전에 성인은 어떻게 자는지를 먼저 설명해보려고 한다. 성인의
수면단계를 크게 두 가지로 나누면, 'REM(Rapid Eye Movement) 수면'과
'NREM(Non REM) 수면'으로 나뉜다. 일상적인 용어로는 REM 수면
을 '얕은 잠'이라 하고, NREM 수면을 '깊은 잠'이라 부른다.

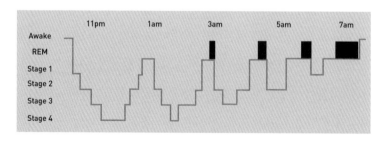

〈일반적인 수면패턴〉

NREM 수면

1단계 꾸벅꾸벅 조는 상태이다. 큰 소리가 들리면 깜짝 놀라고, 심지어 깜빡 졸았다는 사실을 모를 수도 있다(잠의 첫 30초~5분).

2단계 좀 더 깊은 수면 상태로 들어서지만 이 상태일 때 쉽게 잠이 깬다(1단계 이후 10~45분).

3~4단계 더 깊은 수면 상태로 주변 환경의 변화에도 잠에서 깨어나기가 힘들다. 강제로 잠이 깨게 되면 어리둥절한 상태가 되고, 무슨 일이 지금 진행되고 있는지 알아차리는 데 수초에서 수분이 걸린다. REM 수면에 들어가기 전에 이전 단계인 2단계 또는 1단계로 잠시 돌아가기도 한다.

REM 수면

숨도 가빠지고 심장박동수도 불안정하다. 감은 눈도 움직인다 (그래서 Rapid Eye Movement 수면이라고 부르는 것이다). 꿈도 꾼다.

한편 성인의 수면주기는 90~120분이다. 수면주기가 끝나고 나면 잠깐 깨거나 다시 이전 단계의 수면단계로 넘어가 새로운 주기의 수면이 시작된다.

그런데 아기는, 특히 6개월 미만의 아기는 활발한 수면(active sleep)과 조용한 수면(quiet sleep)으로 수면 형태를 구분한다. 어른의 잠처럼 4단계를 구분하기는 힘들지만, 활발한 수면은 자는 동안에 눈꺼풀이 움직이고 숨도 고르지 않고 깜짝깜짝 놀라기도 하기 때문에 성인의 REM 수면과 비슷하고, 조용한 수면은 말 그대로 외부 자극에도 조용히 자는 편이므로 성인의 NREM 수면과 비슷하다. 수면주기도 어른과 달리 45분~1시간 주기로 거의 성인의 절반 수준이다.

이 수면단계와 주기는 긴 시간을 두고 서서히 어른과 비슷하게 변해간다. 수면단계로 치자면 성인의 NREM 수면, REM 수면과 유사한 패턴이 3~6개월경이면 이미 시작된다. 수면주기는 신생아 시절에 45분 전후이던 것이 유치원 시절에 거의 성인 수준인 90분까지 서서히 늘어난다.

성인에게 각 수면주기마다 잠깐 깨는 시간이 있는 것처럼, 아기의 경우에도 각 수면주기가 끝날 때마다 잠깐 깨는 각성 시간이 있다. 이 잠깐 깨는 시간이 지나면, 성인과 마찬가지로 다시 새로운 수면주기가 시작되거나 잠에서 완전히 깨어나게 되는데, 아기의 수면주기가 성인의 주기보다 절반인 것을 감안하면 잠깐 깨는 각성 시간의 횟수도 성인의 두 배인 셈이다.

느림보 수면교육

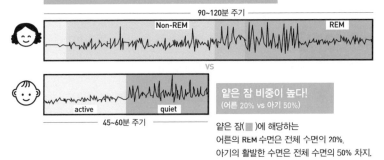

수면주기가 짧다! (어른 90~120분 vs 아기 45-60분)

90~120분 주기

Non-REM   REM

vs

active   quiet

45~60분 주기

얕은 잠 비중이 높다!
(어른 20% vs 아기 50%)

얕은 잠(■)에 해당하는
어른의 REM 수면은 전체 수면이 20%,
아기의 활발한 수면은 전체 수면의 50% 차지.
얕은 잠 비중이 높아서 외부 자극에 쉽게 노출!

〈성인과 아기의 수면주기〉

　또한 성인은 수면주기 중 흔히 얕은 잠으로 불리는 REM 수면이 차지하는 비중이 20~25%인 반면, 신생아는 활발한(active) 수면이 50%를 차지한다. 얕은 잠의 비중도 성인의 두 배인 셈이다. 그래서 작은 자극에도 더 쉽게 깨는 것이다. 얕은 잠이 잠 안 자는 아기를 둔 엄마에게는 고통의 시간이겠지만, 아기의 생존에는 오히려 더 안전한 수면패턴이고 무엇보다 두뇌 발달에는 아주 중요한 역할을 한다고 하니 조금은 위안으로 삼아도 좋겠다. 잠 안 자는 아기를 둔 엄마들끼리는, 우리 애는 얼마나 똑똑해지려고 얕은 잠만 많이 자나, 하고 농담을 하기도 한다.

　〈아기와의 즐거운 속삭임〉 웹사이트에서 아기 잠에 대한 정보를 알린 지 꽤 오래되고 보니, 최근에는 아기 자는 모습을 옆에서 지켜보면서 깊은 잠과 얕은 잠의 비중을 계산하는 엄마까지 생겼다.

"신생아는 얕은 잠이 50% 정도 된다고 하는데, 낮잠 잘 때 지켜보면 90%가 얕은 잠 같아요. 어떻게 해야 얕은 잠 비중을 낮출 수 있을까요?"

내 대답은 이렇다.

"지켜보지 마세요. 되도록 아기와 멀리 떨어져 쉬세요."

엄마 눈이 수면검사 장비도 아니고, 아니 설령 수면검사 장비라 해도 잠의 비중은 마음대로 바꿀 수 있는 것이 아니다. 게다가 아기 중에는 엄마가 옆에 있어야 잘 자는 아기가 있는가 하면, 엄마가 옆에 있으면(놀고 싶어서, 젖 먹고 싶어서, 안기고 싶어서) 더 안 자는 아기도 있다. 엄마가 옆에 있으면 잘 안 자는 아기인데, 옆에서 엄마가 얕은 잠과 깊은 잠의 비중을 확인하기 위해 지켜보고 있다면 어떨까? 당연히 자주 깰 것이다.

이쯤에서 수면주기를 이용한 아기 잠 재우기 팁을 알려줄까 한다.

첫째, 얕은 잠과 깊은 잠의 주기를 알고 있으면 아기가 엄마 품에서 잠들었을 때 깨지 않고 눕힐 확률을 높일 수 있다.

아기가 품에서 잠이 들었다 하더라도 얕은 잠을 먼저 잔다. 얕은 잠을 자는 동안은 아기의 몸이 경직되어 있다. 신생아인 경우엔 주먹을 꼭 쥐고 있기도 하고 엄마 옷을 붙잡고 있기도 한다. 그러다 깊은 잠에 들어가면 주먹도 느슨해지고 엄마 옷을 붙잡은 손도 느슨해지면서 온몸에 힘이 쭉 빠진 것같이 된다. 그래도 확실히 모르겠다 싶으면 아기를 눕히기 전에 아기 팔을 살짝 들었다가 놔보면 된다. 깊은 잠으로 들어간 경우는 팔이 허공에 툭 떨어진다. 하지만 아직 얕은 잠을 자고 있는 경우라면 깜짝 놀라 팔을 다시 몸 쪽으로 웅크리려고 한다. 100% 정확한 방법이라고 할 수는 없지만 상당히 도움이 되는 체크 방법이다.

둘째, 얕은 잠과 깊은 잠 주기가 반복되는 수면주기를 이용해 아기를 울리지 않는 수면교육 방법도 있다. 아기가 거의 정해진 시간에 깨는 경우에 시도해볼 수 있는 방법으로, 항상 깨는 시간의 15~60분쯤 전에 깨웠다가 다시 재우는, 미리 깨우기(scheduled awakening) 방법이다. '깨워 재우기(wake to sleep)'라고도 한다. (내 웹사이트에서는 '깨재'라고 부르기도 하고, 똑바로 자던 아기를 뒤집어주어 깨웠다 재운다는 의미로 '호떡 뒤집기 방법'이라고 부르기도 한다.)

아기가 잠깐 깨는 시간이 각성단계인데, 이 각성단계를 인위적으로 앞당겨 리허설하는 거라고 보면 된다. 6~54개월 아기를 대상으로 한 연구 결과에 의하면, 울려 재우기 수면교육과 비교할 때 시간은 더 많이 걸리지만 장기적인 관점에서의 효과는 비슷했다. 울음이 훨씬 적은 것은 말할 것도 없다.

이 방법도 내게는 아주 효과가 좋았던 방법이다. 다만, 나는 아이가 워낙 자주 깨는 편이었던 터라 정해진 시간에 미리 깨우는 방법 대신, 생각날 때마다 아무 때나 가서 한 번씩 살짝 깨웠다 다시 재우곤 했다. 큰아이의 경우는 9~10개월경부터 시작했고 시작한 지 3주쯤 되고 나니 자주 깨는 것은 여전했지만 다시 재우기가 훨씬 쉬워졌다는 걸 느낄 수 있었다. 둘째 아이의 경우는 백일 이전부터 사용했었고 그때부터 효과가 있긴 했으나 꾸준히 사용하진 않았다. 둘째 맘의 여유라고나 할까.

〈아기와의 즐거운 속삭임〉회원맘들 중에도 이 방법이 효과가 있었던 엄마도 있고, 효과가 없었다는 엄마도 있다. 효과가 있었던 엄마들의 공통점은 적어도 1주 이상 지속적으로 사용했다는 점이다. 다른 방법도 마찬가지지만, 이 방법은 특히나 딱 하루, 딱 한 번 써보고 효과를 알 수 있는 방법이 아니다. 하루 이틀로는 효과가 전혀 나타나지 않고 빠르면 일주일, 보통은 3주 정도는 되어야 효과가 나타난다. 3주라고 하니 겁이 날지도 모르겠다. 하지만 아기가 몇 십 분씩 울게 두는 수면교육과 비교하면, 울음에 약한 엄마들에게는 가끔 신경만 쓰면 되는 이 방법이 훨씬 수월한 셈이다.

자주 깨는 아기인 데다가 아직 안거나 업어서 재우는 아기라면 아기가 깊이 잠든 후에 눕힐 때 아무리 깊이 잠들었더라도 살짝 깨운다. 막 잠든 아기를 다시 한 번 깨우는 것 역시 깨워 재우기 방법의 하나라고 할 수 있다. 수유해서 재우든, 안아서 재우든, 아기가 잠든 것 같은 초반에 살짝 깨우는 것이 포인트다.

아기는 조용히 자지 않는다!

"아기가 1시간마다 깨서 울어요."

"새벽에 아기가 계속 징징대요. 잠을 깬 것 같기도 하고, 안 깬 것 같기도 하고. 아무튼 계속 징징거려요."

아기가 조용히 자지 않는다는 사실을 알지 못하기 때문에 여러

잠 문제가 발생한다 해도 과언이 아니다. 위 두 가지 이야기는 잠 문제를 겪는 엄마들로부터 숱하게 듣는 것인데, 실은 '아기가 깨서 우는 것'이 아니라 '아기가 자면서 잠 뜻으로 우는 것'일 가능성이 높다.

각 수면주기마다 잠깐 깨는 각성 시간(138p)이 있다. 어른은 이 시간 동안 잠꼬대를 하기도 하고 이불을 추스르고 베개를 다시 베기도 하지만, 아기는 이 시간 동안 찡그리기도 하고 끙끙거리기도 하고 칭얼대기도 하는 등 마치 우는 것처럼 보인다.

이런 시간을 트레이시 호그가 쓴 《베이비 위스퍼》 원서에서는 잠이 오면 마치 주문을 외우듯 반복되는 울음을 운다는 의미에서 '진언(주문)울음(mantra cry)'이라 칭한다. 한글판에서는 원서 용어보다 더 적합하다 느껴지는 '헛울음'이라는 용어로 번역하고 있다. 또한 엘리자베스 팬틀리(Elizabeth Pantley)가 쓴 《우리 아기 밤에 더 잘 자요》에서는 이것을 '잠울음(sleep cry)'이라고 부른다. (나는 앞으로 '헛울음'이라고 부를 것이다.)

아기는 조용히 자지 않는다. 울거나 칭얼댄다고 해서, 아기가 꼭 깨서 그런 것만은 아니다. 울거나 칭얼대는 채로 잠을 자기도 한다. 울거나 칭얼대고 깜짝 놀라도 여전히 자는 것이다.

큰아이를 키울 때의 경험이다. 아기는 잠을 자다가 우는 소리를 낸다, 즉 헛울음을 운다는 사실을 알고 있었기에 헛울음을 잘 구분한다고 생각했고 아기가 자다가 우는 것은 헛울음이 아니라 진짜로 깬 것이라고 믿고 있었다.

그러다 아이가 10개월쯤 되었을 때였다. 아이가 자다 깨서 침대 난간을 붙잡고 서서 우는 것을 보았는데, 너무 피곤해서 바로 달래 주지 못했다. 도저히 일어날 힘이 없어서 "조금만 기다려"라고 말 하고는 살짝 눈을 감았는데, 눈을 다시 뜨고 보니 그새 15분이 지나 있었다. 깜짝 놀라 아이를 보니, 아이는 침대에 다시 누워 조용히 자고 있었다.

그때서야 그간 아기의 '헛울음'을 진짜 울음으로 착각하고 매번 안고 흔들고 젖 주며 달래주었다는 사실을 깨달았다. (그렇게 알게 되 었음에도 그다음 여러 차례 아기의 헛울음에 반응했다. 나도 아기 울음에 아주 약 한 엄마 중 하나이긴 하다.)

〈아기와의 즐거운 속삭임〉웹사이트에 들르는 엄마들에게 헛울 음을 잘 구분해서 반응하지 않도록 주의하라고 알려왔던 만큼 둘 째를 키울 땐 헛울음에 절대 반응하지 않으리라 다짐했지만, 내 천 성이 어디 가진 않았다. 둘째의 첫 몇 개월 동안은 오히려 헛울음 구분이 쉬웠다. 헛울음과 진짜 울음소리가 아예 달랐기 때문이다. 그러다 6개월쯤 예방접종을 한 차례 하고 왔더니 완전히 달라졌다. 진짜 울음 과 헛울음을 구분할 수 없게 된 것이다. 그래서

헛울음 동영상

알았다. 그간 그렇게 주장해왔던 "헛울음을 구분해보세요"라는 말 은 틀린 말이고 "헛울음을 기다려보세요"라는 말이 더 옳은 말일지 도 모르겠다는 것을. (QR코드의 영상은 둘째 아이 교정 50일경에 자다 깨서 헛울음 섞인 얕은 잠을 자는 모습이다. 1분가량만 녹화되었지만 실제로는 5분 정

도 저렇게 반복하다 다시 잠이 들었다.)

아기가 자다가 완전히 깨지 않은 채 얼마나 오랫동안 헛울음을 우는지는 명확하지 않아 보인다. 대부분이 그저 '몇 분(a few min-utes)'이라고 할 뿐이다. 하지만 '얼마나 오랫동안 헛울음을 우느냐'에 대한 질문이 많아서 대략적인 가이드는 제시하는 게 나을 것 같다. 영국의 지나 포드(Gina Ford), 호주의 쉐인 롤리, 미국의 트레이시 호그와 같은 내니 출신 전문가들은 대략 3~10분 동안 헛울음이 지속된다고 본다.

또한 아기 잠에 대한 한 논문에서 보면, 돌쯤에 밤에 덜 깨는 아기로 키우는 비결 중 하나로, 자다 깼을 때 부모가 반응하지 않고 기다리는 방법을 꼽는데, 대략 3분은 기다려주어야 하는 것으로 여긴다. 다행스럽게도 6개월경이 3~4분으로 가장 오래 기다려야 하고 돌 무렵만 되어도 2~3분으로 줄어들었다고 한다.

헛울음을 가장 길게 보고 있는 책은 미(美)소아과학회에서 출간한 책 《Caring for Your Baby and Young Child, 5th Edition : Birth to Age 5》인데, 이 책을 인용하자면 이렇다.

아기가 잠에서 깨었다고 생각되는 때, 실제는 아주 얕은 잠을 자고 있는 것일 수 있다. 꿈틀대다가 깜짝 놀라고 칭얼대며 울 수도 있다. 그러나 여전히 자고 있는 것이다. 진짜로 깨었을 수도 있지만 가만히 놔두면 다시 잠으로 빠져든다.

이럴 때 아기를 달래려 노력하는 실수를 범하지 마라. 아기를 더 깨워서 다시 잠드는 것을 지연시키는 것이다. 몇 분 동안은 칭얼대고 울게 놔두면 자다가 깨서 엄마에게 의지하지 않고 스스로 잠드는 법을 배우게 될 것이다.

어떤 아기들은 잠들거나 다시 잠들기 전에 울음으로써 에너지를 발산하기도 한다. 15~20분 정도의 울음은 아기에게 어떤 해도 끼치지 않는다. 다만, 아기가 배고프거나 아프거나 기저귀가 젖지 않았을 때 해당되는 이야기다.

1~2분조차 아기가 울게 놔두는 것은 힘든 일이긴 하지만, 엄마나 아기에게 장기적으로 더 나은 일이 될 것이다.

아기가 자다가 잠깐 깨서 우는 것은 깬 것이 아니라 '자는 채로 우는 것'일 수 있다는 얘기다. 아기가 자다 깨면 15~20분을 기다려보자. 그런데 아기가 15~20분 우는 것은 괜찮다고 의사는 말하는데, 당사자인 아기 엄마는 도저히 못 견디겠다면? 그러면 일단 3~10분까지만 시도해보기로 하자.

실은 나도 3분조차도 너무너무 긴 시간이었다. 나뿐 아니라 웹사이트 일부 회원들에게도 마찬가지였던 모양이다. 강연 준비 때문에 2분 정도의 아기 울음소리가 꼭 필요해서 당시 어린 아기를 키우는 몇 분께 아기 울음소리를 2분 정도 녹음해달라고 부탁드렸다. 울음소리를 보내온 회원들은 한결같이 2분이 이렇게 긴 시간인지 몰랐다고 했다.

헛울음을 우는 3~10분도 기다릴 수 없다면, 좋다! 이제껏 아기가 자다 깨서 울면 바로 안아주거나 젖을 먹였던 엄마는 딱 30초만 기다리는 것으로 시작하면 된다. 아마 그 30초도 평생인 것처럼 길게 느껴질 수 있다. 그래도 30초는 기다려보자. 30초 동안이라면 아기한테 큰일은 벌어지지 않을 것이 확실하니까. 30초 기다렸는데 아기가 계속 울면 그때 달래주면 된다. 그렇게 30초에 익숙해지는 어느 날이 오면, 다시 30초를 늘려 1분을 기다려보면 된다. 익숙해지면 또다시 시간을 늘리고. 그렇게 늘려가면 된다.

갑자기 15~20분을 기다릴 용기를 절대 낼 수 없다면, 이렇게 천릿길도 한 걸음부터, 다시 말해 15~20분도 30초부터 시작하면 된다. 그렇게 시간을 늘리다 보면 얻게 되는 장점도 있다. 처음에는 완전히 예민한 채로 숫자를 세며 기다렸는데, 점차 익숙해져가면서 숫자를 세다가 엄마가 먼저 잠이 들어버리는 일도 생긴다.

헛울음에 관한 질문 하나. "아기가 자다 깨서 울기만 하면 헛울음인 줄 알겠는데, 아기가 일어나 앉아서(서서) 울어요. 앉았는데도 (섰는데도) 헛울음이 맞나요?" 진짜 많이 듣는 질문이다. 헛울음이다! 아까 잠 단계에서 말한 대로 어른은 아기의 헛울음 시간에 해당하는 '각성단계'에서 이불을 끌어안거나 멀리 굴러간 베개를 다시 집어와 잔다. 그리고 이 각성단계에 어른은 화장실에도 다녀온다. 그렇다. 화장실에도 다녀온다. 화장실을 갔다 와도 바로 잠들 수 있다. 왜? 각성단계인 3~8분 사이에 화장실을 갔다 온 것이기 때문이다. 물론 가끔씩은 화장실에 다녀오다가 뭔가 낯선 소리를 듣거나 화장실 불빛에 자극을 받아 잠이 확 깨버리는 경우도 있긴 하지만 말이다. 그처럼 아기도 자다가 앉아서 울 수 있다. 서 있을 수도 있다. 헛울음 맞다. 짧은 '각성단계', 맞다.

얕은 잠과 각성단계의 헛울음 연장선으로서 알아두는 게 속 편한 한 가지가 더 있다.

"새벽 ○시쯤이 되면 자는 내내 용을 어찌나 쓰는지 용쓰다가 울기도 하고 스스로 울음을 그치고 다시 자는 것 같기도 하고…… 아침에 기상할 때까지 계속 반복하네요."

우리 사이트에서 많이 듣는 말이다. 자정까지는 깊은 잠 비중이 높은 편인 반면에, 새벽에는 얕은 잠 비중이 높다. 이는 성인도 마

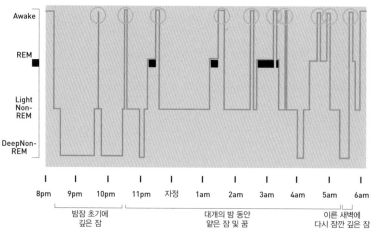

일반적인 수면패턴(Typical Sleep Stage Progression)

(출처: Katy Holland, 《Johnson's Everday Babycare-Sleep》)

〈시간에 따른 아기 수면패턴의 변화〉

찬가지이지만, 성인은 잠깐 깨는 얕은 잠의 비중이 높더라도 다시 금방 잠들기 때문에 문제될 건 없다.

옆의 그래프를 보자. 아파트 단지에 대단위 작업이 있어서 집을 비워야 했던 날, 도서관에서 이 그래프를 발견하고는 어찌나 반가웠는지 모른다. 큰아이가 잠 문제가 많은 아기였다고만 생각했었는데, 이 그래프는 그런 아이의 패턴이 정상이라고 말해주는 것이었으니 말이다.

취침 후 첫 3~4시간 동안은 깊은 잠 비중이 높다. 동그라미(그래프에서는 10개, 심지어 한 시간마다 한 개씩!)는 자는 도중에 잠깐 깨거나 깬 것처럼 보이는 시간이다. 각성단계(awake)이다. 그리고 새벽으로 갈수록 얕은 잠의 비중이 높아진다. 잠깐 깨는 시간도 더 잦다. 그래서 밤에 자주 깨는 아기들의 패턴을 보면 취침 후 몇 시간까지는 안 깨고 자다가 새벽으로 갈수록 점점 자주 깨는 일이 흔한 것이다.

어떤가? 지금 안고 있는 아기의 잠 단계와 비슷하지 않은가? 품에 안고 있는 아기는 책에도 설명이 나올 만큼 정상이다. 그러니 너무 걱정하지 마시라.

아기 수면패턴이 이렇게 다르다는 것은 알았고, 이젠 아기를 잘 재우고 싶은데…… 아기를 재우고 싶을 때 아무 때나 재울 수 있다면 얼마나 좋을까.

3

아기도 신호를 보낸다

아기의 시간은 크게 세 가지 상태로 구분된다. 자는 시간, 노는 시간, 전이 시간. 이 세 가지 상태는 누구나 다 알고 있는 것 같지만, 그 시간 동안 아기가 어떤 신호를 보내는지 아는 사람은 많지 않다. 아기를 잘 재우는 게 목표인 만큼 '자는 시간'만 중요하다 여길 수 있는데 '노는 시간' 동안에 아기가 '자는 시간'으로 쉽게 갈 수 있는 신호가 있기 때문에 노는 시간을 잘 구분하는 것도 중요하다. 이 신호를 잘 읽으면 '전이 시간'이 훨씬 쉬워진다.

자는 시간은 앞에서 설명한 것처럼 깊은 잠, 얕은 잠으로 나뉜다. 노는 시간(52p)은 고요히 배우는 시간과 활발히 움직이는 시간,

그리고 우는 시간으로 나뉘고, 전이 시간은 자다가 깨어나는 시간
과 깨어 있다가 졸려하는 시간으로 나뉜다.

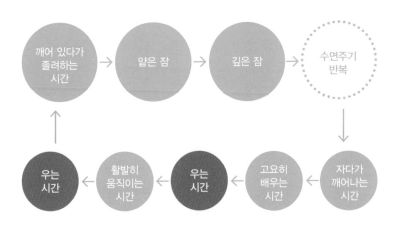

<반복되는 아기의 수면주기>

여기서 중요한 시간은, 고요히 배우는 시간과 활발히 움직이는
시간의 구분이다. 아기가 잠을 잘 자고 나서 젖이나 분유도 먹었다
면 기분이 아주 좋은 상태다. 바로 이 시간이 '고요히 배우는 시간'
이다. 가장 눈이 초롱초롱하고 주변 환경에 관심도 아주 많다. 새로
이 습득하려는 집중력이 최고조에 이른다. 아기의 호흡도 안정적
이고 대화를 하기에도 아주 좋다.

이 시간이 지나고 나면, 이전보다 더 흥분하거나 호흡도 불규칙
해지면서 움직임은 활발해지는 시간이 온다. 이 시간이 '활발히 움
직이는 시간'이다. 아기의 기분이 좋다기보다는 즐겁고 신나 보인

다. 이전의 '고요히 배우는 시간'이 수용을 통한 배움의 시간이라면, 이 시간은 표현을 통한 실행의 시간인 셈이다.

아기를 재우기 힘든 엄마가 있다면 이 '활발히 움직이는 시간'이 되거든 아기를 눈여겨보라고 조언하고 싶다. 이 시간이 끝나가는 시점이 되면 '우는 시간' 또는 '졸려하는 시간'이 곧 다가오기 때문이다.

큰아이가 3~4개월 무렵이었다. 나도 아직 이런 상태가 있다는 것을 알지 못하던 때였는데 경험만으로 느끼던 게 있었다. 아이가 옹알이를 조용조용 15~20분 정도 하고 나면, 떠들면서 손발을 크게 휘젓는 동작이 한동안 지속되다가 갑자기 입을 쫙 벌리고 짜증 섞인 울음을 울기 시작했다. 지금도 그 우는 모습이 너무 생생하다. 나 역시 경험으로만 알게 된 상태인지라 이런 상태가 되면 아이를 재우려고 했는데, 주변에 계시던 어른들께서는 "애가 신나서 놀고 있는데 잠깐 운다고 재우려고 하냐"며 핀잔을 주셨다.

하지만 주변에 조카나 친구 아이가 있다면, 아이가 완전히 흥분한 채 신나서 놀다 갑자기 넘어지거나 떼를 쓰면서 크게 울고는 금방 잠드는 것을 본 적 있을 것이다. 아이가 완전히 흥분했을 때 주변 어른이 "애가 신났네, 신났어"라는 말도 했을 것이다. 이 시간이 바로 여기서 말하는 '활발히 움직이는 시간'이다. 이 시간이 끝나갈 즈음이면 체력이 떨어지면서 균형을 잃고 넘어지거나 말도 안 되는 트집을 잡으면서 '우는 시간'으로 넘어가는 것이다.

그래서 '활발히 움직이는 시간'의 끝을 눈치채느냐, 못 채느냐에 따라 그다음에 와야 할 '자는 시간'으로 가는 '전이 시간'이 짧아지 느냐, 길어지느냐가 달라질 수 있다.

아기를 못 재워서 전전긍긍하면 꼭 듣는 말이 있다.

"아기도 피곤하면 다 알아서 자. 왜 그렇게 못 재워서 난리냐. 그 냥 놀아줘."

그런데 이 말이 모든 아기에게 해당되는 건 아니다. 물론 들어맞 는 아기도 있다. 지인의 아이는 두 돌이 지나도록 잠투정을 한 적이 두 번밖에 없었다고 한다. 그렇게 잠투정을 거의 하지 않는 아기도 있다. 분명히 있다. 그런 아기는 피곤하면 다 알아서 잔다. 울지도 않고 잔다.

잠투정이 심한 아기들도 피곤하면 결국 자긴 잔다. 그런데 잠투 정을 심하게 한 후에 잔다. 이 잠투정이 아기에게도, 엄마에게도 괴 롭기 때문에 못 재워서 난리인 것이지, 잠투정 않고 잘 자면 누가 못 재워서 난리일까!

〈아기와의 즐거운 속삭임〉 사이트에 있는 아기 잠에 관한 정보 중 가장 댓글이 많이 달리기도 하고 고맙다는 말도 많이 듣는 정보 중 하나가 바로 놓쳐서는 안 될 아기의 잠(이 온다) 신호에 관한 것 이다. 잠깐 졸려하는 듯 보였다가도 이내 눈이 말똥말똥해지면서 커지고 다시 놀고 싶어하는 것처럼 보이기 때문에 잠 오는 신호 구 분이 더 어렵다.

잠 오는 신호는 아기마다 다르지만 짐작할 만한 일반적인 신호 는 있다. 가장 흔한 것은 하품을 하는 것이다. 만 2개월 이전(늦게는 백일 이전) 아기의 경우엔 하품이 거의 절대적인 신호이다. 하품을 3~4번 연달아 하면 잠이 온다는 것이다. (다만, 위에서 말한 전이 시간 중에 '자다가 깨어나는 시간'에도 하품을 연달아 3~4번 하기 때문에, 잠에서 깬 지 얼마나 되었는지도 고려해야 한다.)

또 하나 일반적인 잠 오는 신호는 눈을 비비는 것이다. 비비다 못해 쥐어 판다는 느낌도 든다. 귀를 잡아당기는 것도 잠이 오는 신호 중의 하나인데, 이는 종종 중이염의 증세이기도 하니 아기가 감기 기운이 있는지 먼저 확인하는 게 좋다.

〈아기와의 즐거운 속삭임〉 사이트를 통해 접한 것 중 가장 기억에 남는 아기의 잠 오는 신호는 열이 난다는 것이다. 분명 아픈 건 아닌데 아기가 졸리면 살짝 열이 오른 듯 이마가 따뜻해진다는 것이다. 엄마가 아기를 두고 혼자 외출할 일이 있어 남편에게 아기가 열이 나면 졸린 것이니 재우라고 했더니 남편도 아기 이마를 짚어 보고는 잘 재웠다고 한다.

아기가 졸릴 때는 조금씩 뭔가가 다르다. 눈꺼풀이 무겁게 보인다든지, 눈이 작아진다든지……. 이 시간을 눈여겨봐야 한다. 이 졸린 시간은 잠깐 지속되다가 사라질 수 있기 때문이다. 그리고 다시 졸린 시간이 찾아올 때는 엄청난 잠투정을 몰고 온다.

아기의 졸린 신호가 보이고 나서 약 15~20분간 쉽게 잠들 수 있는 '창'이 열린다. 이 창이 열린 동안 재우려는 시도를 하면 쉽게 재울 수 있다. 꿈나라로 쉽게 갈 수 있는 창이 닫히고 나면 아기의 신체는 스트레스 호르몬인 코르티솔과 흥분 호르몬인 아드레날린을 분비한다. 아드레날린 덕택에 아기가 졸려 보이는 대신 신나 보일 수도 있는 것이다. 신생아는 눈을 크게 뜨고 멍한 눈으로 아주 먼 곳을 바라보는 듯하고 눈을 잘 깜박이지 않을 수도 있다.

다만, 아기를 쉽게 재우려면 이렇게 아기의 잠 오는 신호를 파악하는 것이 아주 중요하긴 하지만, 백일 이후의 아기는 졸린 신호와 지루한 신호, 배고픈 신호가 비슷비슷해지기 때문에 백일 이전에 졸려했던 신호가 더 이상 졸린 신호가 아닐 수도 있다. 그래서 평소에 잠 오는 신호를 잘 구분하던 엄마라면 아기가 백일 이후가 되고 나서는 아기가 보내는 신호와 시계를 동시에 확인해가며 재우는 게 현명하다.

4

아기에게 신호를 보낸다,
아기 졸리게 만들기

우리 어른은 마치 졸릴 시간이 되면 저절로 잠이 든다고 생각할 수도 있지만, 우리가 잠드는 것도 잘 생각해보면 꼭 잠이 와서 잠이 드는 것만은 아니다. (물론 잠이 와서 잠을 자는 날도 많겠지만.) 우리가 잠을 청하는 이유 중 하나는 '시간이 되었기' 때문이다. TV를 보다가, 컴퓨터 작업을 하다가, 책을 읽다가 시계를 보니 잘 시간이 되었기 때문에 하루를 마감하고 잠을 청한다.

아기는 어른처럼 시계를 보고 시간이 되었으니 잠을 자야겠다고 생각해주기를 기대할 수 없다. 시계 역할을 하는 뭔가가 있어야 한다. 그게 바로 잠재우기 의식, 수면의식이다.

처음엔 별 연관이 없던 몇 가지 행동을 곧 이어질 '잠'과 짝짓기를 해서 그 특정 행동만 하면 잠이 오도록 연상시키는 것이다. 그와 유사한 대표적인 실험사례가 파블로프의 개이다. 개에게 먹이를 주기 전에 늘 종소리를 들려주면서 종소리와 먹이를 짝짓게 해주었더니, 나중엔 종소리만 들어도 개가 침을 흘리는 결과를 도출한 유명한 실험이다.

〈파블로프의 개〉

　그런 의미에서 다시 한 번 우리 성인이 잠을 청하는 방식을 생각해보자. 시계를 보고 잘 시간이 되면 바로 잠자리에 누워 눈을 감는다 생각할 것이다. 그러나 대부분은 바로 잠들지 않는다.

　TV나 컴퓨터를 끄고 현관문이나 창문을 점검하고 전기스위치를 끄고 양치도 하고 마지막 용변도 본다. 처음에는 자기 전에 해야 할 일이었기에 하나씩 했던 일들이었는데, 이런 일련의 과정이 자꾸 반복되다 보니 두뇌가 잠잘 준비를 하게 된 것이다.

　아기라고 다르지 않다. 아니, 시계를 보고 "아, 잘 시간이구나"

하고 스스로 결정할 수 없으니 더 필요한 셈이다. 수면의식은 아이와의 밤잠 자기 힘겨루기를 완화해주는 역할도 한다. 그러나 수면의식 자체보다 더 중요한 것은 이 취침의식을 아기 두뇌가 인식할 때까지 계속 반복해주는 것이다.

모든 아이에게 꼭 맞는 수면의식이란 없지만, 대표적인 열 가지 취침의식을 이야기해보겠다. 이 열 가지를 섞어 새로운 아이디어를 집어넣으면 나와 내 아이에게 맞는 수면의식을 만들 수 있다.

수면의식 10가지

① 목욕 활기찬 물장구 놀이도 좋고 몸을 따뜻하게 데워준다 싶을 정도의 목욕도 좋다. 목욕 1~2시간 후가 가장 잠이 잘 온다고 하니 목욕시간을 취침시간에 잘 맞추면 도움이 된다.

② 얼굴 씻기

③ 양치질 치아 건강을 위해서도 필요하지만 아기에게는 시계 역할을 해주는 방법 중 하나다.

④ 마사지와 베이비요가 아기 몸을 이완시켜주고 엄마와의 신체 접촉을 통해서 애착도 형성할 수 있다. 몸을 쭉쭉 펴주는 마사지

느림보 수면교육

뿐 아니라 몸의 각 부위를 지그시 눌러주다가 펴주는 것도 좋다.

⑤ 기저귀 갈기(마지막 용변) 아기는 기저귀를 갈고, 기저귀를 뗀 아이는 마지막 용변을 보게 하고 물도 한 잔 마시게 하면 도움이 된다.

⑥ 잠옷 선택하게 하기 어린 아기라면 해당되지 않겠지만, 잠옷을 선택하게 하면 스스로 결정한다는 기쁨을 가지게 되어 이후 취침시간이 수월해진다. 잠옷을 결정할 때는 아이 연령만큼의 선택권에서 선택하게 하는 것이 좋다. 예를 들어 두 살이라면 두 가지 종류의 잠옷 중 하나를 결정하도록 하는 식이다.

⑦ 읽을 책 선택하게 하기, 책 읽기 다시 한 번 스스로 결정하는 즐거움을 주면서도 지적인 양식을 줄 수 있는 수면의식이다. 어린아이에게 책 읽기 시간은 부모와 함께 하는 즐거운 때 중 하나라서 '한 권 더'의 요청을 끊임없이 해올 것이다. 따라서 몇 권 읽어줄지 미리 결정해놓는 게 좋다.

⑧ 조용하게 하루 이야기하기 오늘 하루 얘기를 하면서 있었던 일을 회상하게 한다. 아이가 한 살씩 더 먹어갈수록 이야기 종류가 늘어나면서 판타지 얘기를 할 수도 있다.

⑨ 자장가 자장가를 부르는 엄마의 마음도 느긋해지고 듣는 아기의 긴장도 완화된다.

⑩ 굿나잇 뽀뽀 아기와 엄마와의 뽀뽀, 인형과의 뽀뽀, 책과의 뽀뽀.

수면의식을 오랫동안 해온 선배 엄마들의 경험에 의하면, 취침의식이 돌 이전 아기에게도 물론 도움이 되지만 잠을 안 자려고 거부하는 서너 살짜리 아이들에게 정말 큰 도움이 된다고 한다. 이 시기에는 어차피 잠을 안 자려고 어떻게든 핑계를 만드는데, 수면의식을 늘 해왔기 때문인지 조금 더 자연스럽게 받아들인다는 것이다.

우리 큰아이의 경우엔 밤잠을 거부하는 일이 거의 없었다. 아이의 취침의식은 유치원 시절까지 자잘한 변화는 있었지만 커다란 틀이 바뀐 적은 없었다.

위의 수면의식 예시 중에서 내가 '취침의식 3종 세트'라고 부르는 것이 있다. 바로 목욕, 마사지, 책 읽기이다. 이 세 가지는 취침의식으로 가장 대표적인 것이다.

세계적인 유아용품 업체인 존슨앤존슨에서 몇 년 전에 라벤더향을 기본으로 한 아기 로션과 마사지 오일을 론칭하면서 목욕-마사지 순의 취침의식에 대한 3주간의 연구를 진행했다. 연구 결과, 취침의식을 한 아기들이 잠도 더 쉽게 자고 덜 깨고 푹 잤다고 한다.

정리하자면, 수면의식은 크게 두 가지 역할을 한다고 보면 된다. 하나는 몸을 이완시켜서 잠잘 준비를 하는 것. 또 다른 하나는 시계 역할을 하는 것. 그래서 가능하면 매일매일 비슷한 순서로 진행할 수 있는 일들을 내 상황에 맞게 만드는 것이 좋다.

5

∴

졸리면 자면 되지, 울긴 왜 울어?

아기 수면교육을 지지하지 않는다는 말을 하면, 어떤 분들에게 는 아기가 태생부터 등짝맨이니까 눕혀 재울 시도는 하지 말아야 한다거나 백일 전에는 많이 안아주는 게 좋으니 아기를 단 1초라도 '혼자' 울려서는 안 된다는 말로 들리는 모양이다.

그렇지 않다. 아기 중에는 울면 울수록 긴장감이 쌓여서(즉 스트 레스가 쌓여서) 스스로 진정할 수 없는(일시적으로라도) 아기가 있는가 하면, 힐링 역할을 하는 울음을 통해 이제껏 쌓인 긴장감을 확 풀 고 스스로 진정하는 아기도 있다. 서로 다른 유형의 아기를 같은 방 법으로 달래려고 노력하다 보면 아기를 진정시키기 어렵기 때문에 자신의 아기가 어떤 유형인지 아는 것도 필요하다. 그만큼 관찰이 중요하다는 얘기다.

만일 아기가 울음으로 자신의 긴장감을 풀어버리는 유형이라면, 이 아기를 젖을 먹이거나 안고 흔들어 재우기란 참 어렵다. 물론 가끔씩은 통하겠지만, 젖 먹이는 동안 또는 안아서 진정시키려는 동안 오히려 아기는 점점 깨어 있는 시간만 늘어나고 짜증내면서 울기만 하기도 한다. 마치 아기가 그저 울고 싶어하는 게 아닐까 하는 생각까지 들 정도로.

이런 아기는 혼자 놔두면 큰 소리로 몇 초에서 몇 분 동안 울다가 점차 울음소리가 잦아들고 결국 잠이 든다. 이렇게 잠든 아기들은 깨면 피로가 풀린 듯 상쾌한 모습이고 엄마가 아기를 데리러 오기까지 혼자 침대에서 잘 놀기도 한다.

"우리 아이의 경우 자장가 열심히 불러주고 혼자서도 잠들 수 있다고 격려 충분히 해주고 진정이 되면 '사랑하는 아들 잘 자라~' 하고 볼에 뽀뽀해주고 나와야 잠들어요. 잠들 때까지 옆에 있어주려고 해봤더니 내 얼굴이랑 마주칠 때마다 더 크게 울어버리고…… 그 울음소리가 '자려는데 엄마가 옆에 있으니까 놀고 싶어서 잠잘 수가 없어'라고 들릴 때도 있고, '잠은 오는데 엄마가 있으니까 놀아줘야 할 것 같아서 잠들 수가 없어'라고 하는 것 같기도 해요. ㅋㅋ"

울면서 긴장감을 해소하는 아기를, 잠이 들 때까지 계속해서 안아주고 토닥여주고 자장가를 불러주면 아기나 엄마 모두 지치게 된다. 엄마는 아무리 달래줘도 울기만 하는 아기를 보면서 '아기를

느림보 수면교육

달래지도 못하는 한심한 엄마'라는 생각을 가지게 되어 정신적으로도 힘들어진다.

반대로 아기가 울면 울수록 긴장감이 쌓이기만 하는 유형이라면, 젖 먹이기, 안아서 달래기 등이 비교적 잘 통한다. 아기가 얼마나 오랫동안 깨어 있었느냐에 따라서 차이가 있긴 하겠지만 엄마와 함께하는 진정 시간이 잠자는 데 큰 도움이 된다.

이런 아기들을 혼자 내버려두면 울고 울고 또 운다. 쉽게 울음을 그치지 않는다. 몇 십 분 계속 울다가 결국 토하기도 하고 목소리가 변하기까지 한다. 결국 엄마가 포기하고 가서 안아주고 달래줄 때까지 운다. 그러고 나면 언제 울었나 싶게 금방 그치고 엄마 어깨에 고개를 댄 채 잠이 들어버린다.

그런데 아기가 울음으로 긴장감을 해소하고 스스로 진정하는 유형인지 알기 위해서는 용기가 필요하다. 아기를 혼자 울려보는 용기 말이다(아기를 너무 오랫동안 깨어 있게 만들어놓고 나서 이런 용기를 내면 곤란하다). 어떤 유형인지 알아볼 엄두가 나지 않으면 아직 시도하지 않는 게 좋다. 다음번에 용기가 날 때를 기다려도 좋다. 아기의 발달속도가 느린 만큼, 엄마의 적응속도가 느리다고 해서 문제가 될 건 없다. 시간이 좀 더 걸릴 뿐이다.

용기를 냈다면, 아기와의 잠재우기 의식을 마치고 뽀뽀를 한 뒤에 아기를 혼자 두고 나와본다. 몇 십 초에서 2~3분 동안 울다가 곧 울음이 잦아들고 잠이 든다면, 아마 그 아기는 울음을 통해서 자신의 긴장감을 해소하고 스스로 진정하는 유형일 것이다.

그런데 아기가 10~20분 넘게 울어댄다면, 엄마가 같이 있으면서 달래주고 진정시켜주는 게 좋다. 물론 이 아기도 울고 울고 울다가 결국 잠이 든다. 그렇지만 이런 아기는 혼자 남겨짐에 대한 두려움에 잠자리 자체를 거부하고 더욱 엄마한테서 떨어지지 않으려고 하는 경향이 생길 수도 있다.

우리 집 두 아이가 이렇게 울면 울수록 긴장감이 쌓여 진정하기 힘든 아기였기에, 혼자 울리는 수면교육으로 성공했다는 사람들을 보면 신기하기도 하다. 혼자 울리는 수면교육의 지지자가 아니기에 수면교육을 할 의도는 아니었는데, 너무 힘들어서 만 8개월경이던 큰아이를 혼자 울게 해본 적이 있다. 처음엔 뭔가 큰일을 낼 것 같은 기분이 들어서 아이를 아이 침대에 두고 나왔는데, 집안일을 하며 진정하고 보니 20분이 훌쩍 지나 있었다. 나도 진정이 되었으니 아이한테 돌아갈까 하다가 문득 시험해보고 싶은 생각이 들었다. '혼자 울려 재우기 수면교육' 지지자들이 말한 대로 첫날 40분이면 지쳐 잠든다는 말이 사실일까 싶어 40분을 기다려보기로 했다. 내 아이는 40분이 지나도 울음을 그치지 않았다.

40분이 지나 아이에게 가면서 좌절했다기보다 (나의 이런 기분을 이상하다고 생각할 사람도 있겠지만) 안도의 한숨을 내쉬었다. "너, 의지 있는 아이구나. 피곤하다고 엄마 부르기를 멈추지 않는구나." 그리고 고마웠다. 불러도 나타나지 않는 엄마를 기다려줘서.

지금 안고 있는 아기는 어떤 유형인지 한번 확인해보시라.

　　　　　　　　　　　　　느림보 수면교육

6

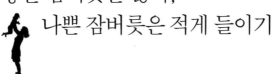

좋은 잠버릇은 많이,
나쁜 잠버릇은 적게 들이기

"모유수유에 성공하겠다는 일념에 무조건 젖을 물렸어요. 나쁜 건지도 모르고 젖 물려 재우는 습관을 들여버렸네요."

"아기를 안아서 재우니 쉽게 자서 좋긴 한데…… 아기가 혼자 자는 습관을 들여야 한다는데 저 편하자고 나쁜 버릇을 들이고 있는 것은 아닐까요?"

블로그에서 참 많이 듣는 이야기다. 이런 질문을 하는 엄마도 아기를 갖기 전에는 '아기＝젖 물고 있는 작은 사람', '아기＝안겨 있는 작은 사람'과 같은 공식을 연상하곤 했을 것이다. 그런데 우리는 언제부턴가 아기에게 젖은 먹이기 위한 수단 혹은 잠시 울음을 그치게 하는 수단 정도일 뿐, 젖을 많이 먹여도 많이 안아줘도 '나쁜 버릇'을 들일까봐 걱정하는 세대가 되어버렸다.

이런 잠버릇이 나쁜 버릇이라고 주장하는 사람들의 의견도 일리는 있다. 젖 먹여 재워 버릇했더니 1시간마다 얕은 잠에서 깨서 젖 먹겠다고 (헛)울음을 우는 아기가 있기 때문이다. 안아서 재워 버릇했더니 1시간마다 깨서 또 안아달라고 울고, 업어서 재워 버릇했더니 1시간마다 깨서 또 업어달라고 우는 아기들이 있기 때문에 나쁜 버릇이라고 하는 것이다.

하지만 주변에 잘 자는 아기를 둔 엄마가 있다면 한번 물어보시라. 아기를 어떻게 재우는지. 그 아기 엄마도 90% 이상은 젖 물려 재우거나 안아서 재울 것이다.

이런 나쁘다는 버릇을 가지고도 여러 시간 안 깨고 잘 자는 아기도 많다. 그런 아기라면 이런 버릇을 굳이 나쁜 버릇이라고 부를 이유는 없을 것이다. 물론 젖을 물고 자는 아기가 젖을 안 물고 자는 아기에 비해서 자주 깰 확률은 더 높다. 확률이 더 높다는 것이지, '젖 물고 자기(안겨 자기)=자주 깨기'라고 단언할 수는 없다.

그러면 왜 어떤 아기들은 1시간마다 깨서 이런 잠버릇을 다시 요구하는 일이 벌어지는 것일까? (그저 헛울음일 뿐이라는 견해가 가장 많다.)

여기서 파블로프의 개 이야기를 다시 한 번 꺼내야 할 것 같다. 종과 먹이는 원래 아무런 관계가 없는 것인데 종을 울리고 나서 먹이 주는 일을 계속 반복했더니, 나중에는 종소리를 듣기만 해도 먹이를 기대하며 침을 흘리더라는 것이다. 종소리를 듣고 먹이가 '연상'되어 침을 흘린다고 하여, 전문적으로는 연상작용이 일어났다고 말한다.

이와 마찬가지로, 젖 먹여서/안아서/업어서 아기를 재웠더니 아기가 젖을 먹어야/안겨야/업혀야 잠을 잔다고 하는 강한 연상작용을 만들어낸 것이다. 이럴 때 전문가들은 젖을 먹는 것이/안기는 것이/업히는 것이 '수면연상'이 되었다고 말한다.

그런데 왜 어떤 아기는 이런 버릇이 잠버릇(수면연상)이 되어 엄마를 매 시간마다 깨우고, 어떤 아기는 같은 잠버릇을 가지고도 밤새 엄마를 부르지 않고 잘 자는 것일까?

그 원인에 대해 과학적으로 설명하려는 시도가 끊임없이 이루어지고 있는데 그중 하나를 예로 들면, 12개월에 자주 깨는 아기의 60%는 잘 자는 아기에 비해서 신생아 때부터 얕은 잠의 비중이 더 높았다고 한다. 그리고 잘 자는 아기의 부모는 아기가 밤에 깨면 3분 이상 기다리는 경우가 더 많았다.

즉 잘 못 자는 아기는 타고나기를 잘 못 자는 아기로 태어났기도 했고, 부모 또한 헛울음에 더 빨리 반응해왔다는 것이다. 그러므로 아무리 노력을 해도 잘 안 자는 아기들이 분명 있지만, 같은 잠버릇을 가지고도 덜 깨도록 확률을 높이는 방법도 있다. 간단히 말하면, 강한 잠버릇(수면연상)을 약화시키는 것이다. 지극히 당연한 이야기다.

우리 집 두 아이의 예를 들어보겠다. 큰아이는 첫 6개월간 시행착오를 거친 후 젖 먹여 재우는 잠버릇을 들였다. 역시 젖 먹여 재우는 게 최고다! 큰아이는 강한 잠버릇이 하나뿐이었다. 젖 먹여 재우기다.

둘째는 생후 50일쯤부터는(이른둥이라 실제 월령으로는 백일경부터) 아이가 졸려하는 듯할 때마다 ① 아기띠로 안고 ② 자장가를 7~8분 들려준 후 ③ 백색잡음을 들려주면서 ④ 방 안을 서성이며 토닥이는, 네 가지의 잠버릇을 들였다.

네 가지 모두 잠버릇, 즉 강한 수면연상이 될 확률은 적었고 그중 한두 가지만 아이가 강한 잠버릇으로 인식할 가능성이 높았다. 그렇게 한 달 넘게 했더니 어떤 게 진짜 잠버릇(수면연상)인지 알 수 있었다. 아이가 선택한 것은 백색잡음이었다.

어떻게 알았느냐면, 어느 날 아이가 졸려서 칭얼거리기에 아기띠를 하고 자장가를 7~8분간 듣는데, 도중에 짜증을 내는 것이었다. 이상하다, 왜 짜증을 낼까? 혹시나 하고 자장가를 멈추고 백색잡음을 틀어주었더니 잠깐 듣고는 바로 잠이 드는 것이었다(물론 내 품에서). 뿐만 아니라 차의 카시트에서 졸릴 때도 백색잡음을 틀어주면 금방 울음을 그치고 잠들곤 했다.

아이가 백색잡음을 선택한 듯해도 네 가지 모두 늘 해주었고 6개월이 넘어가면서부터는 꾀가 나서 종종 ①, ④는 생략하고 ②와 ③만 하면서 젖 먹여 재우는 날도 많아졌다. 그리고 가끔 외할머니나 아이 아빠가 재울 때는 모두 생략하고 업거나 안아서 재우기도 했다. 그러니 내 아이는 일곱 가지 잠버릇이 있다고 할 수 있는데, 그

느림보 수면교육

중에서 가장 강한 버릇은 있다 하더라도 특별히 '강한 잠버릇'은 없는 셈이다. (그럼에도 가장 손쉬운 잠버릇은 역시 젖 먹여 재우기였다! 젖 먹여 재우는 것은 피곤하거나 바쁠 때 후다닥 써먹는 방법이었다.)

이런 식으로 강한 잠버릇을 약화시키는 것이다. 평소에 젖 먹여 재우는 아기라면, 젖 먹이기 외에 아기가 깼을 때 엄마가 해줄 수 있는 정도의 다양한 잠버릇(예를 들면 쓰다듬어주기), 또는 엄마가 안 해줘도 되는 잠버릇(예를 들면 자장가나 백색잡음 틀어주기)을 함께 묶어준다. 그러면서 아기가 졸려할 때 젖 먹이는 시간을 줄이거나 횟수를 줄이면서 강한 잠버릇을 약화시키는 것이다.

이것이 호주의 모유수유컨설턴트이자 수면컨설턴트인 핑키 맥케이(Pinky McKay)의 느림보 수면교육법이다(254p).

7

일찍 재워야 더 쉴 수 있다

수면의식을 꾸준히 해주면 아기가 잠잘 준비를 한다. 그런데 대체 몇 시에 밤잠이 시작되는 게 좋을까? 몇 년 전 세계 주요국의 아기 취침시간을 조사했더니, 홍콩이 가장 늦게 잠을 잤는데 그 시간이 밤 10시 20분이었고, 그다음으로 늦게 자는 아기들이 바로 우리나라 아기들로, 밤 10시 6분이었다. 하루 총 취침량도 인도와 일본 다음으로 적었다. 조사 결과를 보면 일대일의 관계가 성립되지는 않지만, 보통 늦게 자는 나라의 아기들이 취침량 역시 적은 편이었다고 한다.

아기가 밤잠을 자기 전에 1시간 이상 울어야 잠을 잔다면, 나는

0~3세 평균 수면시간		취침시간		
10시간	영국, 미국	PM	8: 50
13시간	뉴질랜드	PM	7: 27
9시간 25분	한국	PM	10: 06

(출처:존슨앤존슨 다문화 영유아 수면실태조사, 2010)

취침시간은 총 수면시간과 연관이 있다.

〈아기들의 취침시간〉

아기의 취침시간을 앞당겨보라고 조언해준다. 이미 너무 피로한 상태가 되었기 때문에 울어서 완전히 에너지를 방출시켜야 하기 때문이다.

그러면 아기 부모는 다음의 질문을 하곤 한다.

"일찍 재우면 아침 일찍 일어날 텐데요?"

아기는 원래가 일찍 자도록 신체리듬을 타고났다(단, 생후 6~8주 이전의 아기는 아직 연속해 길게 자지 않아서 밤 9시에서 11시 사이에 잠들더라도 문제가 있는 것은 아니니, 일찍 안 잔다고 걱정할 필요는 없다). 일찍 잠든 아기가 오히려 더 늦게까지 잠을 잔다. "잠이 잠을 부른다"는 말이야 말로 아기에게 해당하는 것이다.

서양에서 전문가들은 저녁 6시 반에서 7시 반 사이를 취침시간으로 보고 있지만 뉴질랜드를 제외하면 실제로 아기들이 그렇게 일찍 자는 일은 거의 없는 것 같다. 일반적으로 서양 아기들이 좀 더 일찍 자는 편이고 동양 아기들은 부모와 한 방에서 자는 분위기 때문에 더 늦게 자는 편이다. 하지만 어쨌든 아기는 기본적으로 일찍 자는 것이 생체리듬에 더 맞다.

인류는 오랫동안 전기 없이 살아오면서 해가 뜨고 지는 것을 생체리듬의 신호로 받아들여왔다. 그래서 가장 원시적인 상태라 할 아기는 해가 뜨고 지는 리듬에 민감한 것이 당연하다.

이제 아기의 취침시간을 어떻게 조정하는지 그 방법을 알아보자. 다음의 두 가지 방법 중 하나를 통해서 아기의 취침시간을 찾아볼 수 있다.

아기의 취침시간 찾아보기

① 서서히 취침시간 앞당기기

평소 아기의 취침시간에서 2~3일마다 15분씩 앞당기는 것이다. 시간을 앞당길 때마다 얼마나 아기가 쉽게 잠드는지 또 언제 잠을 깨는지 관찰하여 최적의 시간을 찾을 수 있다.

저녁 6시 반이 되면 조명을 낮추고 조용한 환경(백색잡음이나 자장가 등을 낮게 튼 상태)을 만들어 아기를 자세히 관찰하는 것이다. 아기가 피곤한 기색을 보이면 방을 조용하고 어둡게 만들어서 한밤중처럼 느껴지게 해주면 된다.

그런데 아기가 평소보다 잠자는 시간이 훨씬 빠르다고 느끼면 밤잠이 아니라 낮잠인 줄 알고 금방 잠에서 깨버릴 수 있다. 그럴 땐 깬 순간 바로 반응을 해서 다시 잠에 들도록 유도하거나(놀아주거나 얘기는 자제할 것), 한번 깨면 잠들기 힘든 아기의 경우 깨기 5~10분 전부터 가서 기다리고 있다가 아기가 꿈틀꿈틀하며 깊은 잠에서 빠져나오는 기미가 보이는 순간 바로 토닥토닥해주어 깨지 않도록 해주면 된다(단, 하루 만에 취침시간을 앞당길 수 있다는 기대는 금물!). 바로 잠에 들지 않을 수도 있지만, 너무 힘들다 느끼기 전까지는 최선을 다하고 도저히 안 될 때는 다음 기회를 기약할 수밖에 없다. 두 시간이 넘도록 토닥이며 안 자는 아기를 재우려고 노력할 필요는 없다. 엄마도 지친다.

그리고 취침시간 찾는 과정에서 간과하기 쉬운 실수 중 하나가 취침시간을 앞당기면서 기상시간은 그대로 내버려두는 것이다.

(예를 들면 그간 기상이 오전 11시, 취침이 밤 12시이던 아기의 취침시간을 앞당긴답시고 오전 11시에 깬 아기를 낮잠도 그대로 재우고는 취침시간만 밤 9시로 앞당기는 경우를 말한다.) 그러면 결국 아기의 잠 시간만 늘어날 뿐이다.

그러잖아도 잘 안 자는 아기인데 잠 시간만 늘어나면 힘들어지는 것은 아기보다는 엄마다. 아기가 더 자는 것도 아닌데 재우려는 시간만 늘어나는 셈이 되기 때문이다. 내일부터 취침시간을 앞당길 계획이라면 아침 기상시간 또한 그만큼 앞당기는 것도 계획에 넣을 필요가 있다. 내 아기가 잠자는 최적의 시간을 찾는 건 며칠에 걸친 프로젝트다.

그런데 여기서 질문 하나.

"일찍 재우려고 해도 일찍 안 자요!"

아기의 적절한 취침시간을 찾는 것이 중요하다고는 하나, 아기가 딱 그 시간에 자줘야 말이지…….

아기가 눈을 감는 시간은 중요하지 않다. 취침의식을 시작하는 시간을 거의 일정하게 유지하려고 노력하는 것이 중요하다. 아기가 언제 잠을 자는지는 그다음 이야기인 데다 실제로 아기가 잠드는 시간은 쉽게 조절할 수 있는 것도 아니다. 그 취침의식을 몇 날 며칠 반복해서 두뇌가 '아! 이제 곧 잘 시간이구나!' 하고 인식하게 된 후에야, 취침의식을 하면 일찍 잘 준비를 하는 게 가능해진다.

"일찍 재웠더니 그다음 날 그만큼 일찍 깨던데요?"

또 하나, 일찍 재우면 늦게까지 잔다더니 일찍 잔 만큼 일찍 깨는 아기에 대한 설명도 해야 할 것 같다. 딱 하루 해보고서는 그 효과를 알 수 없으니 하루 일찍 재우고 난 후의 결과만 가지고 판단하지는 말았으면 좋겠다. 고대 로마가 그랬듯이 아기의 잠 문제도 하루아침에 굳건해지지 않는다. 생체리듬이라는 것이 하루 만에 확확 바뀌는 것이 아니다. 당장 오늘 새벽의 잠 문제는 어제 새벽과 오전 낮잠의 결과물이다. 단 하루 만에 바뀔 리 없다.

적이도 사흘에서 일주일 정도는 해봐야 효과가 있는지 알 수 있다. 일주일 후에도 여전히 일찍 잔 만큼 일찍 깬다면, 그건 아기의 원래 수면요구량이 딱 그만큼인 것이다. 그만큼만 자야 하는 아기이기 때문에 일찍 자면 일찍 깨는 것이다. "괜히 일찍 재웠네!" 이렇게 말할 사람도 있을 것이다. 그렇지만 일주일 동안 일찍 안 재워봤다면, 해볼까 말까 머릿속만 늘 복잡했을 것이다. 하고 나서 후회하는 것과 안 하고 후회하는 것, 둘 중에 하고 나서 후회하는 것이 심리적으로 덜 고통스럽다고 한다. 최소한 해봐야 자신에게 맞는 방법인지 아닌지를 알 수 있다!

8

아기가 특히 잠을 못 자는 시기도 있다

신체 발달 시기

잠을 잘 안 자던 아기도, 또 잘 자던 아기도 자주 깨고 못 자는 그런 시기가 있다. 지금부터는 그런 시기에 대해 알아보려고 한다.

아기가 뒤집기, 앉기, 기기, 서기, 걷기 등 새로운 기술을 연마하는 시기에는 두뇌가 잠을 자는 것보다 이런 새로운 기술 습득을 더 우선으로 여기는 모양이다. 기술 연마 시기에는 아기가 더 자주 깨는데, 낮 동안 학습한 것을 자는 동안 다시 연습하느라 그렇다는 의견도 있고, 이런 기술을 연습하다 보면 넘어지기도 하면서 깜짝 놀라기도 하는데 이런 심리적 위축감이 자는 도중에 다시 재현되면서 엄마의 위로를 필요로 하기 때문이라는 견해도 있다.

이런 시기에는 낮 동안에 더 열심히 연습시켜주고 다리나 팔을 주물러주는 등 긴장을 완화해주면 도움이 된다.

젖니가 날 때도 아기가 자주 깬다. 젖니는 한 개만 나는 게 아니고 시기를 예측하기 어렵지만 젖니 때문이라고 의심될 때는 진통제(타이레놀 등), 티딩젤(오라젤, 호메오패티 등)을 사용해볼 수 있다. 유럽의 민간요법으로 호박목걸이를 이용하는 경우도 늘어났다.

급성장기

아기들의 신체는 지속적으로 같은 비율로 성장하는 것이 아니라, 어른들이 말씀하신 것처럼 "어느 날 눈 뜨고 보니 부쩍 컸더라" 하는 급성장기가 따로 있다.

이 시기가 꼭 정해진 것은 아니지만, 보통 만 3주, 6주, 9주, 12주, 5~6개월, 그리고 8~9개월경에 아기는 급성장한다. 3개월 이전까지는 아기도 엄마도 적응이 잘 안 된 때라서 갑자기 젖이나 젖병을 더 찾으려고만 하는 시기 정도(잠은 더 잘 자기도, 못 자기도 한다)로 여길 수도 있다.

한 번의 급성장기는 길면 2~4일이면 지나가지만, 급성장기인 줄 모르고 수유량을 늘려주지 않으면 배고파서 낮에 자주 짜증을 내거나 밤에 자주 깨는 것이 습관화될 수도 있다. (하지만 누군들 이걸 착착 알아 수유량을 늘려줄 수 있을까.)

급성장기의 특징

① 수유 횟수가 급증한다.

② 젖을 물었다 뺐다 반복하면서 짜증을 낸다(모유수유).

③ 평소 먹던 양보다 더 많이 먹고도 칭얼댄다(분유수유).

④ 밤에 더 자주 깨고 낮과 비슷한 수유량을 먹고서야 잔다.

⑤ 급성장기를 막 지나고 나면 하루나 이틀 정도는 더 잘 자기도 하고, 모유수유 중인 경우는 가슴이 더 찬 느낌이 날 수도 있다. 또한 아기의 소변량이 늘어나기도 한다.

두뇌의 급성장기-경이의 주

"안 그러던 애가 혼자 누워 있으려고 안 하고 계속 안아달라고 해요."

"안 그러던 애가 하루 종일 울고 도대체 뭐가 문제인지 알 수도 없고 아무리 달래도 달래지지 않아요."

"안 그러던 애가 잠도 안 자려고 하고 자주 깨요."

"안 그러던 애가 잘 먹으려고 하지 않아요(또는 하루 종일 젖만 물고 있으려고 해요).”

 “안 그러던 애가 ~해요”로 요약되는 이 시기는 아기를 키우는 엄마라면 한두 번쯤은 경험하게 된다. 이런 시기는 '퇴행기'라고도 할 수 있는데, 아기가 육체적 성장뿐 아니라 언어 습득 및 감성적 성장도 함께 발생하면서 찾아온다.

 아기의 지적·감성적 측면에서 연구를 했던 헤티 판 더 레이트 (Hetty van de Rijt) 박사와 프란스 X. 프로에이(Frans X. Plooij) 박사는 이런 시기에 아기의 정서와 신체가 갑자기 성장하고 아기마다 비슷한 시기에 이러한 성장이 이루어진다고 했다. 또한 애착이론의 주창자 존 볼비(John Bowlby) 박사의 이론에 따르면 바로 이런 시기가 “엄마와의 애착 관계가 재형성되고, 몸도 눈에 띄게 성장하는” 시기라서 이런 때야말로 엄마의 사랑이 더 필요하다고 한다.

 두뇌의 재정비가 이루어지는 두뇌의 급성장기로 볼 수 있는 것이다. 이렇게 두뇌가 급성장하는 시기를 '경이의 주'라고 부른다. 경이의 주는 만 5주, 8주, 12주, 17주, 26주, 36주, 44주, 53주 전후로 있다.

 경이의 주를 발견한 연구진이 개발한 The Wonder Weeks라는 스마트폰 앱이 있는데, 이것을 통해 아이 연령에 맞춰 어떤 경이의 주를 맞고 있는지 대비할 수 있으니 참고하기 바란다.

'경이의 주'의 특징

① 더 많이 운다.

② 식욕이 떨어진다(반면에 하루 종일 젖만 물고 있는 아기도 있다).

③ 잠을 잘 자던 아기도 잠재우기가 더 힘들다. 더 자주 깬다.

④ 혼자서 잘 놀던 아기도 갑자기 엄마만 찾으며 엄마가 없으면 짜증을 심하게 낸다.

⑤ 엄마와의 신체 접촉을 유난히 원한다.

'경이의 주'에는 이것을 명심!

이 주간에 엄마가 더 많이 신경 써주고 더 자주 안아주면 성장의 변화를 더욱 잘 감당하는 경향이 있다. 그리고 잠을 재울 때에도 편안하고 따뜻한 잠재우기 의식을 길게 해주는 것이 도움이 된다. 이런 어려운 시기도 있지만, 이 시기가 지나고 나면 '햇빛 쨍쨍 주간'(6주, 13주, 21주, 31주, 39주, 49주, 58주)이 다가올 테니 힘들더라도 조금만 참자.

느림보 수면교육

9

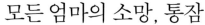

모든 엄마의 소망, 통잠

아기가 신생아일 때는 밤에 깨서 배고픔을 해결해주어야 한다. 하지만 아기가 자라면서는 엄마의 기대치가 높아지기 시작한다. 몇 주, 몇 개월이 지나고 나면, 다시 아기 낳기 이전처럼 밤에 안 깨고 쭉 자기를 바란다. 밤새도록 깨지 않고 자는 것을 우리는 '통잠'이라고 부른다. 누가 이 용어를 쓰기 시작했는지는 모른다. 그러나 이 말은 어린 아기를 둔 엄마들끼리 통하는 용어가 되었다.

그런데 엄마가 바란다 하더라도 아기 중에는 쉽사리 통잠을 자지 않는 아기가 있다. 밤중수유가 끊어지지 않아 배고픔을 밤에 해결해야 하는 아기가 있는가 하면, 밤중수유는 끊어졌지만 그래도 자꾸 깨서 안아달라고 우는 아기도 있다. 상당히 많은 아기가 이미 3~4개월이면 밤새도록 깨지 않고 잘 자기 시작하는데(그 이전에 잘 자는 아기도 많다!), 5명 중 1~2명의 아기는 우리 집 두 아이처럼 돌이 지나도 자주 깬다.

사실 이 세상 그 누구도 밤새도록 깨지 않고 통잠을 자는 사람은 없다. 아기뿐 아니라 어른도 마찬가지이다. 사람은 잠 단계 중에 깊은 잠과 얕은 잠을 반복하면서 그 중간 중간에 잠깐 깨는 '각성단계'가 있기 때문이다. 그저 이 각성단계 때 타인의 도움을 필요로 하느냐, 필요로 하지 않느냐에 따라 '통잠'을 자느냐 아니냐로 나눌 뿐이다.

우리나라에 번역되지 않은 책 중에 《12 Hours' Sleep by 12 Weeks Old》라는 제목의 수면교육 책이 있다. 제목만으로도 12주가 되면 12시간 잘 수 있다는 희망을 안겨준다. 그런데 책을 읽으면서 '나도 12시간 안 깨고 자기 힘든데……' 라는 생각이 끊이지 않았다.

이처럼 아기가 통잠을 자길 바란다고 할 때 통상 어른과 마찬가지로 한번 잠자리에 든 이후로 아침에 깨는 시간까지 밤새도록 울지 않고 알아서 자기를 바라지만, 미소아과학회에서는 만 6~12개월 아기의 경우 '밤새도록'의 의미를 5시간으로 본다.

자정부터 아침 5~6시까지의 5~6시간을 깨지 않고(부모의 도움을 요청하지 않고) 잠을 자면 '통잠(sleep through the night)'을 잔다고 말한다. 미소아과학회도 이미 3~4개월이면 어른과 같은 통잠을 자는 아기가 많다는 사실은 알고 있다. 그럼에도 아기 잠에 대해 연구

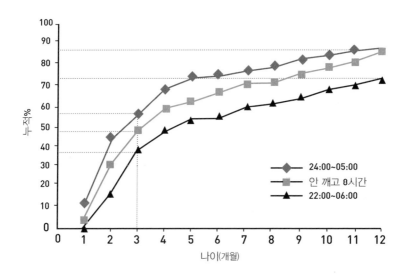

하는 전문가들은 쉽사리 '통잠'에 대한 정의를 바꾸려는 공식적인 노력을 하지 않는다.

2012년 뉴질랜드에서 아기 통잠의 정의를 5시간과 8시간으로 나눠 아기가 언제 통잠을 자기 시작하는지 조사를 했는데, 위의 그림을 봐도 3개월에 50% 정도의 아기가 8시간 이상 안 깨고 자고, 12개월에는 70~90%의 아기가 6~8시간을 안 깨고 잔다. 거꾸로 이야기하면 3개월에는 40~50% 정도의 아기가 5시간 이상 자지 못하고, 12개월에는 15%의 아기가 5시간 이상 자지 못하는 셈이다.

이 통계에 절망할 엄마도 있겠지만 내가 말하고 싶은 것은, 여러분 혼자만 잠 못 자는 아기로 고생하는 것이 아니라는 점이다. 목소리를 높이지 않는(못하는) 30%의 엄마들이 여러분의 동료다. 하지만 우리 보통 엄마들은 이 사실을 잘 모른다. 인터넷을 찾아보니, 남들 아기가 3개월쯤엔 혼자 잘 자고 안 깨고 몇 시간씩 잔다고 하니까 우리 아기도 그래야 하는 줄 안다.

초보 부모일 때는 밤중수유나 통잠의 '숫자'에 집착하는 경향이 있다. 새벽 5시의 수유가 밤중수유인지 아닌지 다른 사람에게 묻고 싶을 정도로 숫자에 관심이 많다. 전문가마다 통잠에 대한 기준은 조금씩 다르다고 할 수 있지만, 사실 큰 맥락에서 보면 일치한다. 아이가 몇 시간을 자는지 표면적인 숫자보다도 '건강한 수면 습관 형성'에 초점을 맞추는 일, 이것이 모든 수면 전문가들이 지향하는 바이다.

이러한 맥락을 이해하면 아기를 재우는 일에 많은 도움을 받을 수 있다. 특히 미국이나 호주 등에서는 수면에 대한 관심이 높고, 전문 기관에 의해 객관화된 연구들이 진행되고 있어 믿을 만하다. 게다가 전문 상담 자격증까지 있을 정도로 탄탄한 이론과 상담 사례들이 존재한다.

모든 부모들이 아이의 잠을 위해 전문가 상담을 받기는 현실적으로 어렵다. 따라서 우리 아이의 수면에 큰 문제가 없다면 객관화된 미국소아과학회 자료들을 참고해 스스로 아이의 수면 습관을 잡아나가도 좋을 것이다. 하지만 수면 문제도 정신과 상담이나 심리 상담과 마찬가지로 부모가 해결 가능한 수준을 넘어설 때는 전문가 상담을 받는 것이 현명하다. 전문가들은 각 가정에 맞는 해법

느림보 수면교육

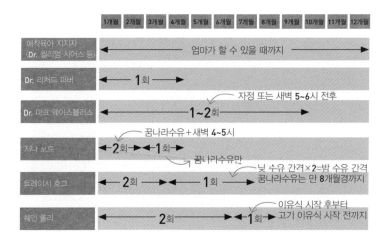

	1개월	2개월	3개월	4개월	5개월	6개월	7개월	8개월	9개월	10개월	11개월	12개월
애착육아 지지자 (Dr. 윌리엄 시어스 등)	← 엄마가 할 수 있을 때까지 →											
Dr. 리처드 퍼버	← 1회 →											
Dr. 마크 웨이스블러스	← 1~2회 → (자정 또는 새벽 5~6시 전후)											
지나 포드	← 2회 → ← 1회 → (꿈나라수유+새벽 4~5시 / 꿈나라수유만)											
트레이시 호그	← 2회 → ← 1회 → (낮 수유 간격×2=밤 수유 간격 / 꿈나라수유는 만 8개월경까지)											
쉐인 홀리	← 2회 → ← 1회 → (이유식 시작 후부터 / 고기 이유식 시작 전까지)											

〈밤중수유 횟수에 대한 전문가들의 견해 차이〉

을 상세하게 제공해줄 것이기 때문에 부모들은 이를 토대로 아이의 건강한 수면 습관을 들여 나갈 수 있다.

통잠에 대한 의견과 더불어, 밤중수유 횟수에 대한 전문가들의 견해 차이도 보여주고 싶다. 밤중수유 횟수는 따로 없다고 주장하는 애착육아론자들의 의견은 제외하겠다. 또한 우리나라의 전문가도 있으나, 미국 등 서양 전문가의 범주를 벗어나지 않으니 굳이 언급하지는 않겠다.

아마 아기를 키우면서는 늘 전문가의 의견을 따르고 싶을 것이다. 그런데 위의 도표에서 볼 수 있듯이 전문가 몇 명만 봐도 의견이 다 다르다. 대체 누구 말을 들어야 할까? 차라리 딱 한 명의 전문가 의견만 알 때가 속 편할지도 모른다. 그래서 육아 책을 딱 한 권

읽었을 때의 엄마가 가장 용감하다고들 한다. 결국 내가 결정해야 한다. 다행히 그 결정은 분명 누군가 전문가의 의견을 따르고 있는 셈이다.

수면교육이나 밤중수유 떼기만 그런 것이 아니다. 아직 세상을 다 살아본 것은 아니지만 세상살이가 다 그런 것 같다. 심지어 이 책의 내용들도 마찬가지다. 그저 10년 넘게 육아 사이트를 운영하며 고민해온 한 사람의 의견일 뿐이다. 그간 수많은 아기 이야기를 듣고 본 사람의 의견일 뿐이다. 이 책에서는 보통 아기에 대해 일반화해서 이야기하지만, 아기에 대해서 가장 잘 아는 사람은 역시 그 아기의 엄마다.

엄마가 아기의 최고 전문가다. 그러니 아기 엄마가 결정하면 된다.

정보의 바다인 인터넷에서, 훌륭한 조언들이 가득한 책에서, 영향력이 큰 미디어에서 육아 정보는 많이 얻어도 좋다. 하지만 그 정보만으로는 충분하지 않다. 그 정보를 자기 나름대로 가공하고 선별할 수 있는 엄마의 감성과 결단이 함께 균형을 갖춰야 한다. 엄마가 되기 이전의 삶에서도 그러했듯이 말이다.

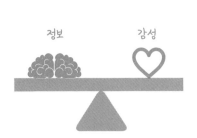

여러분은 엄마가 되기 이전에도 이미 충분히 현명한 사람이었을 것이다. 정보는 여기저기서 얻되, 자기 상황에 맞춰 선택할 수 있는 마음의 여유도 가지고 있었을 것이

느림보 수면교육

다. 엄마가 되었다고 해서, 어느 날 갑자기 정보만 찾아 헤매며 머리만 키우면 육아가 힘들어진다. 숱한 '~해야 한다'를 듣고 강압감만 느끼면 아이 키우는 것이 힘들어진다.

엄마의 마음도 잊지 마시라. 엄마의 감성도 잊지 마시라. 여러분은 이미 충분히 현명한 사람이다. 이미 충분히 괜찮은 엄마다.

잠투정 아기의 역습?-엄마를 길들이는 역(逆)수면교육

사랑하는 후배 아기들에게

자, 내 이야기를 들려줄게. 엄마가 나를 낳은 지 5개월이 지났단다. 첫 몇 달은 아주 근사했지. 내가 울면 언제든지 엄마는 나를 안아주었고 곧 젖을 주곤 했으니까.

그러다 일이 발생했어. 지난 몇 주간, 엄마가 통잠을 자려고 노력하는 거야! 물론 처음엔 그저 그런 때가 있으려니 생각했지. 그런데 점점 나빠지더라고!

그래서 나는 다른 동료 아기들에게 조언을 구했지. 그랬더니 다른 5~6개월 엄마들에게도 이런 시도가 아주 흔한 일이라는 거야. 그렇지만 이건 알아둬.

5~6개월 엄마는 그렇게 잠이 필요하지 않아! 이건 그냥 습관이야.

대다수의 엄마는 이미 20~30년 동안 그만큼 자왔기 때문에 더 이상 그렇게 통잠이 필요하지 않아. 그래서 나는 계획을 세웠지. 소위 '역수면교육'이라는 거야. 간단히 설명하면 이래.

첫날 밤 : 젖을 줄 때까지 3시간마다 울기.

알아, 알아. 이거 너한테도 힘들어. 네 울음 때문에 화난 엄마를 보는 것, 정말 힘들어. 그렇지만 명심해. 이건 너를 위해서가 아니라 엄마를 위해서 하는 거야! 엄마는 잠이 그렇게 많이 필요하지 않다니까.

둘쨋날 밤 : 이번엔 2시간마다 울어.

셋쨋날 밤 : 매 시간마다 울어.

대개의 경우, 딱 3일이면 엄마들이 이 '역수면교육'에 잘 적응해. 그렇지만 우리 아기들이 그렇듯, 엄마들도 조금씩 달라. 어떤 엄마는 의지가 강해서 깨어 있기 훈련에 더 긴 시간이 필요하기도 해. 이런 엄마는 아기가 매 시간마다 울어도 금방 달래주러 오지 않고 방문 밖에서 몇 시간이고 서서 "쉬~잇" 소리를 내곤 하지.

하지만 포기하지 마! 다시 한 번 강조할게.

일관성이 가장 중요해!!

만일 네 엄마를 단 한 번이라도 통잠 자도록 허락해줘버리면, 엄마는 매일 통 잠을 잘 수 있을 거라 기대할 거야.

알아, 정말 어렵지! 그렇지만 엄마는 잠이 그렇게 필요하지 않아. 단지 변화에

저항하는 것뿐이야.

만일 네 엄마가 의지가 강한 엄마라면, 한 10분 동안은 울음을 멈출 수 있어. 엄마가 다시 침실로 돌아가 잠이 들기에 충분한 시간만큼 말이야.

그리고 다시 울어. 결국엔 네 엄마도 적응한다니까. 우리 엄마의 경우엔 10시간 내내 그렇게 방문 밖에 서 있었던 적도 있어. 그러니 네 엄마도, 10시간까지는 아니더라도 할 수 있는 거지!

며칠 전에는 나도 매 시간마다 울었어.

결정했으면 그대로 지키고 결과를 기다리는 거야. 일관성이 중요하다니까!

내가 생각할 수 있는 온갖 이유를 대어 울면서 깼어. 예를 들면, 잠옷 때문에 발이 간지러워. 요가 겹쳐져 있는지 불편해. 모빌 그림자가 벽에 비쳐. 트림을 했더니 쌀미음 냄새가 나. 아침 이후로는 쌀미음을 먹지도 않았는데, 어떻게 쌀미음 냄새가 나지? 강아지가 "멍멍" 하고 짖었어. 너무 더워. 너무 추워. 침을 너무 많이 흘려서 이불이 다 젖었어. 방 안이 온통 핑크색이라 맘에 들지 않아.

요전 날엔, 엄마 방에 있는 베이비모니터에서 들리는 내 울음소리가 재미있게 들려서 괜히 울어보기도 했다니까.

시간이 필요했지. 그렇지만 효과가 있었어. 그날 엄마는 새벽 4시에 젖을 주었어. 내일 밤의 내 목표는 새벽 3시 30분이야. 엄마의 생체시계를 재설정하기 위해서 수유 간격을 천천히 줄여나가야 해.

때때로 엄마가 힘들어 병력 증강을 하곤 하지. 아빠를 대신 보내. 그렇지만 아빠의 수면요구량은 엄마의 수면요구량과 다르단다. 아빠들은 몇 번 정도는 토닥이고 쉬~잇 소리를 내는 시도는 해보지만 얼마 가지 않아 패배를 인정하고 다시 엄마 병력을 재투입하지.

또한 빗소리를 들어주는 '잠자는 양' 인형도 조심해. 잠자는 양의 빗소리를 들으면 마치 잠이 드는 것처럼 흉내 내다가도 엄마가 진정하고 잠자리에 들려 하면 바로 갑작스런 울음과 함께 깨어나야 해.

또 엄마가 내 울음을 듣고도 바로 반응하지 않으면 100% 효과가 있는 가짜 기침이나 가짜 구역질을 해봐. 언젠가 엄마들도 이전처럼 통잠이 필요하지 않다는 것을 깨달을 때가 올 거야.

날 믿어.

Baby J.

PS. 고무 녀석들이 널 바보 취급하지 않게 조심해.·아무리 열심히 빨아봤자 젖은 나오지 않으니까.

: : :

아기 수면교육, 할까 말까?

: : :

"아기처럼 조용히 잔다"는 비유를 사용하는 사람은
아기를 안 키워본 사람이다.

레오 버크(Leo J. Burke)

0

수면교육을 시작하기 전에

이제까지 '엄마가 받는 수면교육'을 이야기했다. 아기 잠에 대해서 교실에 앉아 수업을 받아야 할 사람은 먼저 엄마이기 때문이다. 하지만 엄마가 먼저 아기 잠에 대해 이해하고 그 이해를 바탕으로 수면 환경을 조성해준다고 해도, 여전히 아기는 잠투정이 심하고 밤에 자주 깰 수도 있다. 충분히 기다렸는데도 아기 잠 문제는 그대로일 수 있다. 사정이 이러면 엄마도 아기를 잘 재우는 방법을 찾게 되는 것이 당연하다. '수면교육' 하는 방법 말이다.

사실 수면교육 방법 한두 가지만 읽고 곧바로 따라하는 엄마는 없다. 수면교육이라는 문으로 들어가기 전에, 이게 해도 괜찮은 것인지, 어떤 방법으로 하면 되는 것인지, 언제쯤 하면 되는 것인지, 정말 효과가 있는 것인지, 알아볼 대로 알아본 후에 한다. 하지만 모든 책을 읽어볼 수도 없고, 모든 인터넷 정보를 살펴볼 수도 없다. 그러다 보니 엄마가 보고 싶은 정보만 눈에 보일 수도 있다.

그래서 이번 장에서는 수면교육을 할지 말지 고민하는 엄마들을 위한 정보를 소개해볼까 한다.

1

:

육아 논쟁 넘버원
-수면교육 찬반, 현재로는 1:1

    우리나라는 이제야 수면교육에 대한 관심을 가지기 시작했지만, 서양에서는 수면교육에 대한 논쟁이 50년이나 이어진 넘버원 핫이슈다. 다시 말해 아기가 심하게 우는 것을 감수하면서까지 잠을 잘 재워야 하는 것이냐 아니냐 하는 문제는 역사가 긴 논쟁거리였다.

    지난 10여 년간 책과 인터넷을 뒤적여보니 수면교육을 찬성하는 쪽과 반대하는 쪽은 결국 자신이 수면교육에 성공했느냐, 실패했느냐(또는 수면교육을 할 마음이 없느냐)에 따라 찬반으로 나뉘는 것 같다. 수면교육에 성공한 사람들은 수면교육을 지지할 이유를 찾고, 수면교육에 실패한 사람들은 수면교육을 반대할 이유를 찾는

    느림보 수면교육

것이다.

수면교육을 하기 때문에 아기가 울고, 수면교육을 하지 않는다고 해서 아기가 울지 않는 것이냐 하면 당연히 그건 아니기 때문에 수면교육을 찬성하고 반대하는 두 그룹은 기본 가정이 다르다고 볼 수밖에 없다.

나 역시 큰아이가 7주경일 때 수면교육을 해봤다. 나름의 성과

수면교육 찬성 측	수면교육 반대 측
Yes	No
수면교육은 단기간에 효과가 있다는 가정	수면교육은 단기간에 끝나지 않는다는 가정

도 있었지만 시간이 갈수록 수면교육이 꼭 필요했던 것인가에 대한 의문을 가질 수밖에 없었다.

수면교육 찬성 측에 의하면, 아기를 울리면서라도 수면교육을 해야 할 이유가 있다. 잠을 못 자는 아기는 인지도가 떨어진다. 집중력도 떨어진다. 쉽게 짜증을 낸다. 살도 더 찐다. 금방 잠드는 아기가 키도 조금 더 크다(자주 깨는 것이나 실제 수면량과의 상관관계는 명확하지 않다). 잠투정이 심하고 자주 깨는 아기 엄마는 우울증의 위험도 높다. 이처럼 찬성 쪽의 주장은 신체적 이유가 많다.

그렇지만 수면교육 반대 측(모유수유그룹과 애착육아그룹이 대표적이다)에 의하면, 수면교육을 한다고 해서 상황이 나아지는 것은 아니다. 12주 이전에 수면교육을 해서 잠을 더 잔다고 하더라도 아기 울음의 양은 줄어들지 않는다. 6개월에 자주 깨는 등 수면 문제가 있던 아이라도 장기적으로 정서적 문제는 없다. 6개월 이전에 수면교육에 성공하더라도 엄마의 우울증이 감소하지는 않는다. 오히려 이른 수면교육은, 아기가 울어봤자 도움을 받을 수 없다는 것을 알고 울기를 포기하게 만든다고 본다. 이렇게 반대쪽의 이유는 정서적 관점에서의 이야기가 많다.

한쪽에서 '수면교육은 괜찮다'는 연구 결과를 내놓으면, 다른 한쪽에서는 '수면교육은 해가 된다'는 연구 결과를 내놓는다. 그중 최근 매스컴과 소셜 네트워크를 떠들썩하게 했던 2012년의 두 연구 결과를 예로 들어보겠다. 두 연구 모두 취약점이 있어서 서로의 연구를 인정하지 않고 있지만, 우리는 일반인이니까 연구 결과의 내용을 그대로만 살펴보자.

아기가 잘 못 잔다고 했던 7개월 아기의 부모들에게 수면교육을 하라는 정보를 제공하고 5년 동안 관찰했더니, 정서적인 측면이나 스트레스 레벨 등 사회 적응도가 수면교육을 하지 않은 그룹과 차이가 없더라는 것이다. 즉 수면교육을 해도 수면교육 반대편에서 주장하는 문제들, 특히 정서적 문제들이 나타나지 않았다는 것이다.

반면 4~10개월 아기에게 수면교육을 하고 그 이후에 아기가 잘 자는지와 아기의 코르티솔 호르몬(스트레스 호르몬) 양을 조사했더

느림보 수면교육

니, 수면교육 이후에 아기들은 잘 자기 시작했지만 코르티솔 호르몬 양은 줄어들지 않았다는 것이다. 즉 드러내지는 않을 뿐 아기가 잠을 잘 자더라도 여전히 스트레스는 받고 있다고 볼 수 있다. 언론은 이 사실만으로 수면교육에 성공한 아이는 (그간 수면교육 반대 그룹이 늘 주장해온 대로) 울지 않기를 선택한 것일 뿐 스트레스는 여전하다고 떠들어댔지만, 실제 연구자들이 걱정한 것은 아기의 코르티솔 호르몬 양이 아니었다.

수면교육 전후에 아기와 동일하게 엄마의 코르티솔 호르몬 양을 조사했는데, 수면교육 전에는 코르티솔 양의 패턴이 엄마와 아기가 유사성을 보였지만, 수면교육 후의 코르티솔 양이 아기는 그대로 줄어들지 않은 반면, 엄마는 줄어들었다는 것이다. 엄마와 아기의 코르티솔 양에 유사성을 보이는 것이 일반적이라, 수면교육 후에 유사성을 보이지 않았다는 사실이 연구자에게는 유념할 사항이었던 게 분명하다. 이 연구자가 걱정한 것은, 아기가 울어봤자 도움을 못 받는다는 것을 알게 되는 것이 아니라, 엄마와 아기 간 싱크로율이 수면교육으로 인해 떨어져버렸다는 점이다.

(어쨌든 두 개의 연구 모두 4개월 이전 아기는 해당되지 않았다는 사실에 주목해볼 필요가 있다. 왜 연구자들이 4개월 이전 아기는 연구에 참여시키지 않았을까?)

결국 과학적으로는 1:1의 평행선 싸움이 지속되고 있다고 할 수밖에 없다. 하지만 이러한 1:1의 주장 속에서도 나는 나 나름의 생각을 가지고 있다.

2

수면교육을 지지하지 않는다

나는 수면교육을 지지하지 않는다. 특히 이른 시기(백일 이전)의 수면교육을 지지하지 않는다. 잠자는 것은 두뇌 활동 중 하나인데, 두뇌 발달이 아직 충분히 되지 않은 아기는 잠자는 것 역시 미숙할 수밖에 없다. 신생아의 두뇌는 성인의 3분의 1 크기밖에 되지 않는다. 두뇌가 발달하지 않았기 때문에 두뇌 활동 중 하나인 수면 활동 역시 미숙할 수밖에 없는 것이다.

두뇌의 물리적 크기가 미숙한 만큼 잠 측면에서 보면 만 3~4개월에야 제대로 된 수면패턴이 발달하기 시작한다. 수면교육의 정당성을 주장하는 쪽에서는, 그렇기 때문에 그 전에 수면습관을 잘

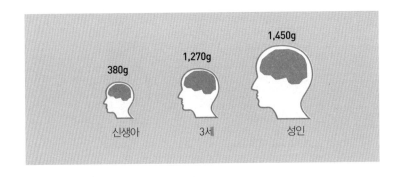

〈두뇌 크기(남성)〉

380g
신생아

1,270g
3세

1,450g
성인

들여야 한다고 말한다.

그런데 나의 의문은 이것이다. 걷기패턴이 돌 무렵이면 발달하니 그 전에 걷는 습관을 잘 들여줘야 한다고 말하는 사람이 있던가? 당연히 없다! 수면습관만 수면패턴이 발달하기 전에 잘 잡아줘야 한다는 주장의 근거는 어디서 나온 걸까?

나는 수차례 "10년 전에는……" 하며 과거 엄마와 아기들이 수면교육 없이도 아기의 첫해를 잘 버텨나갔다고 말해왔다. 그 두 가지 근거를 우리나라의 실례로 살펴보자.

첫 번째 근거는, 소아과학학회장을 지냈던 전 이화여대 이근 교수의 한국 엄마와 아기들에 대한 연구 결과를 들 수 있다. 이근 교수는 1992년 3개월에서 만 2세 미만 아기 218명을 대상으로 수면습관에 대한 연구를 진행했다. 물론 애착육아와 모유수유 지지자인 이근 교수이기에 이 연구에 참여했던 부모도 그의 영향을 받아 이미

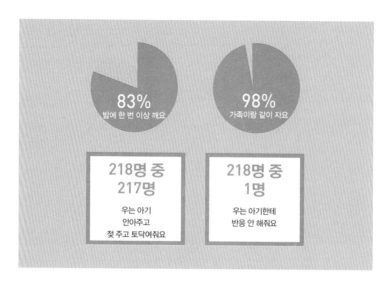

〈이근 교수의 한국 엄마와 아기들의 수면습관〉

애착육아 기질이 다분한 사람들일 가능성은 높다. 어쨌든 연구에 참여했던 그 아기들, 지금쯤은 20대 초중반의 대학생이 되었을 것이다. 빠른 사람은 벌써 부모가 되었을지도 모르겠다.

한 네티즌이 우리나라 사람들은 수면에 대한 경각심이 부족해서 수면교육을 안 한다고 하더니, 정말 1992년 아기의 83%가 밤에 한 번 이상 깼고, 98%가 가족이랑 같이 잤다. (지난 10년간 미국 아기들도 가족과 같이 자는 비율이 두 배로 늘었다. 독립심은 어쩌고?) 그리고 218명 중에 217명은 아기가 울면 안아주고 젖 주고 토닥여주었다. 이중 1명만 서양 정서였는지 아기 울음에 반응해주지 않았다. 20~25년 전만 해도 우리나라 분위기가 이러했다.

느림보 수면교육

두 번째 근거는, 우리나라 검색 빈도 1위 포털사이트인 네이버의 트렌드 검색 결과를 들 수 있다. 데이터 검색에 사용한 키워드는 '수면교육'과 '퍼버법'(236p)이다. 키워드 '수면교육'은 2009년 1월 이전엔 검색 이력이 바닥이다. '퍼버법'은 2012년 6월 이전엔 검색 이력이 전무하다.

불과 몇 년 전만 해도 수면교육에 대한 관심이 이렇게 적었다. 그런데 갑자기 아기들이 수면교육을 안 하면 잠자는 법을 못 배운다니! 비약이 너무 과하다. 1992년의 아기들은 지금 잠을 못 잘까? 2009년 이전의 아기들은 지금 잠을 못 잘까?

또한 앞서 말한 것처럼 이른 수면교육을 주장하는 사람들의 비즈니스 경제논리도 무시할 수 없다. 조기 수면교육을 주장하지 않

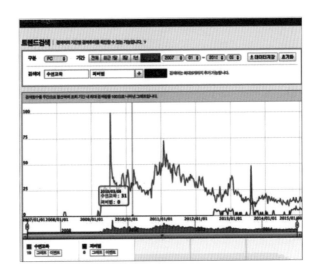

고서는 수면교육 비즈니스가 성립하지 않는다. 방문 수면교육을 해준다는 사람들의 상담비를 알아보라. 개인적으로는 합리적이고 세계 최고라 생각하는 온라인 사이트인 'The Baby Sleep Site'의 상담 비용도 '2시간 전화 상담, 4회 이메일'에 30만 원이다. 트레이시 호그나 지나 포드같이 널리 알려진 슬립 컨설턴트는 3~4주의 방문 상담으로 우리나라 평균 연봉을 번다.

마지막으로 순전히 내 감성적인 측면에서의 주장을 덧붙이려고 한다. '아, 7주 된 아기가 이렇게 작았구나!' 큰아이가 돌 무렵이 되어서 만 7주 된 아기를 봤을 때 깜짝 놀랐다. 이렇게 작은 애를 두고 내가 뭘 했던 것일까……. 이렇게 작은 애였는데. 수면교육의 성과가 나름 있었지만, 나중에는 자랑스럽지 않았다. 마치 내가 처음부터 수면교육을 지지하지 않은 사람이었던 양 애써 없었던 일로 치고 싶었다. 이렇듯 나는 수면교육을 지지하지는 않는다.

하지만…….

　　　　　　　　　　　　　　　느림보 수면교육

3

수면교육을 권하는 경우도 있다

내가 수면교육을 지지하지 않는다고 해서, 아이가 3~4세가 되도록 밤에 자주 깨고 잠을 안 자려고 하는 것을 가만히 보고 놔둬야 한다고 주장하는 것은 아니다. 다음과 같은 경우는 수면교육을 해보라고 권한다.

첫째, 넓은 의미의 수면교육은 언제나 오케이! 집중적으로 3박 4일간 아기를 30분, 1시간, 2시간 울리는 게 아니라, 아기의 졸려 하는 신호를 파악하고 헛울음을 구분하고 수면의식을 만들어가는 등의 수면 환경을 조성하는 '느림보 수면교육'은, 아기가 태어난 지 하루밖에 안 되었더라도 당장 시작해서 나쁠 게 없다. 일찍 시작할수록 좋다.

둘째, 육아 스타일에 따라 수면교육이 잘 맞을 수 있다. 수면교육은 언제나 아기 울음이 포함되기 때문에 엄마가 아기 울음을 얼마나 잘 견디느냐, 못 견디느냐가 성패를 좌우한다고 해도 과언이 아니다. 엄마 자신이 아기 울음을 어떻게 생각하느냐에 따라 수면교육이 잘 맞을 수도, 안 맞을 수도 있다.

뿐만 아니라 친정 부모님이나 시부모님이 어떤 분인지도 엄마의 육아 스타일에 영향을 많이 주기 때문에, 집안 어른이 어떤 분이냐에 따라 수면교육이 잘 맞을 수도, 안 맞을 수도 있다. 그분들의 의견도 가지가지다. "아기를 그렇게 울리면 성격 버린다" 하실 분도 있고, "그렇게 애를 안고 있어봤자. 좀 울어도 그냥 눕혀놔라" 하실 분도 있고, 그저 아기 엄마 하는 일이면 칭찬일색이신 분도 있고, 반대로 아기 엄마 하는 일은 무작정 못마땅해하실 분도 있다.

집안에 함께 사는 어른 중에 "울리면 성격 버린다"는 분이 많으면, 수면교육에 실패할 확률이 높다. 주변 어른 중에 "좀 울어도 그냥 눕혀놔도 된다"는 분이 많으면, 수면교육에 성공할 확률이 높다. 엄마도 은연중에 주변 사람들 말에 영향을 받기 때문이다. 최근 핵가족화가 되어가면서 가족이 자꾸 줄어들고 있긴 하지만, "아이 한 명을 키우는 데는 온 마을이 필요하다"는 아프리카 속담이 결코 헛말은 아닌 것이다.

셋째, 아기 엄마가 심리적·신체적으로 너무 힘들 때는 (아기가 4~6개월 이후라면) 적어도 수면교육을 시도해보는 게 낫다. 잠 문제는, 아기의 잠 문제가 엄마가 감당할 수준을 넘어설 때 발생한다. 엄마가 감당할 수 있는 수준 이상의 잠 문제가 발생했는데 방치하는 것은, 수면교육의 찬반 근거를 둘째 치고라도 그 가정에 위기를 초래할 수 있다.

넷째, 아기의 잠 문제가 잠 문제에만 국한되지 않고 낮 생활 전체로 확산되고 있을 경우다. 잠투정이 심하고 밤에 1~2시간마다 깨는 등의 잠 문제를 가지고 있다 해도, 낮에는 잘 놀고 이유식도 잘 먹는 등 잠 문제 외의 특별한 문제가 없는 경우가 일반적이다. 그런데 낮에 절대로 엄마 품에서 떨어지려 하지 않고 바닥에 잠시 내려놓으면 큰일 나는 것처럼 자지러지게 울고 이유식도 안 먹으려 하고 젖이나 분유만 먹으려고 한다거나 옷 입히는 것, 기저귀 가는 것도 모두 싫어하는 등 전반적인 생활 문제로 확산되는 경우라면, 수면교육을 해보라고 조언하고 싶다. 이 정도면 아기 스스로도 잠을 못 자 힘든 것이기 때문이다.

이 말에 갑자기 암 선고를 받은 것처럼 가슴이 쿵 내려앉는 엄마도 있을 것이다. 집중 수면교육을 했는데 실패할까봐 두려웠을 수도 있다. 그렇다, 실패할 수 있다. 하지만 조언하고 싶다. 성공할지도 모르니 한번 시도해보라는 거다. 단 사흘 만이라도. 어차피 실패할 거라도 좋다. 이렇게 전반적인 생활로 확산되고 있는 아기라면 지금도 아기가 하루에 수십 분씩은 울고 있을 것이다. 그걸 엄마가 의도를 가지고 수십 분씩 아기 울음을 버텨가며 수면교육 한다고 해서 더 나빠질 건 없지 않을까?

엄마의 할 일은 아기 울음을 모두 해결해주는 것이 아니다. 아기나 엄마 모두에게 건강한 선택을 하도록 도와주기 위해서 아기의 울음을 버텨주는 것이야말로 우리 엄마들이 할 일이다.

실패하더라도 한번 시도해본 사람은 후회가 없다. 실패가 두려워 시도도 못해본 사람은 '그때 한번 해볼걸' 하는 후회를 늘 가지게 마련이니, 그냥 한번 해보라. 수면교육 실패, 한두 번쯤 해본다고 해서 엄마들 육아인생에 오점도 아니고, 아기 심리에 결점이 남지도 않는다. 괜찮다. 성공 여부에 너무 연연하지 말고 해봐도 좋다. 의외로 아기가 잘 따라줄지 어찌 알겠는가.

그렇게 무서워서 잠 문제를 꾹 참고 있다가, 어느 날 아기 울음이 너무 힘들어 무슨 일을 저지를까 무서운 마음에 아기를 그냥 혼자 울렸더니 15분 만에 울음을 그치고 자더라는 경험담도 많다. 여러분의 아기가 15분만 울고 잘 수도 있다.

4

수면교육에 반대하는 진짜 이유

수면교육을 하라는 의견에 반대하는 것은 아니다. 아기를 혼자 울게 하는 수면교육에 대해서 '일반적으로는' 불공평하다는 생각을 하긴 한다. 하지만 그 방법에 대해 비난하려는 마음은 없다. '일반적인' 것과 달리 혼자 남겨져야 오히려 외부 자극이 없어 쉽게 진정하고 잠드는 아기도 있고(152p), 내가 처한 '일반적인' 상황과 남이 처한 상황이 다르며 내 기질과 남의 기질이 다를 수도 있기 때문이다.

그저 '다르다'고 할 뿐 비난할 수는 없다. 육아 사이트를 운영해온 기간이 10년이 넘는다. 수면교육을 성공적으로 해냈다는 엄마가 적었겠는가? 아주 이른 시기에 성공한 사람들도 있었다. 하지만 그 엄마들에게 단 한 번도 비난의 말을 해본 적은 없다.

아기의 잠투정이나 밤에 1~2시간마다 깨는 것은 정말 힘든 일이라 엄마아빠에게도 대안이 필요하다. 그래서 아기 보는 일이 지옥같다고 토로할 바에야 성공하든 실패하든 어쨌든 수면교육을 시도해보는 게 낫다.

그래도 백일 이전에는, 6개월 이전에는, 참을 수 있으면 좋겠다는 바람은 있다. 물론 이건 내 '일반적인' 바람이다. 내가 겪어본 수준에서 상상할 수 있는 것보다 더 힘든 엄마들도 얼마든지 있으니까.

그렇다면 내가 수면교육에 반대하는 이유는 무엇일까? 바로 이런 점들 때문들이다.

아기를 위해서(엄마를 위해서) '하루라도 빨리'
수면교육을 해야 한다는 당위성을 주장하는 것에 반대한다

내가 늦둥이 엄마라서 친구들 중에는 이미 아이가 중고생이 된 경우도 많다. 그런데 이 청소년 부모와 지금 아기 부모를 비교해보면 놀라울 만큼 서로 상반된다. 지금 청소년 부모들은 '공부'를 위해서 애들 잠을 덜 재우고픈 마음이 굴뚝같다. 청소년 부모들이 잠을 덜 자면 비만이 오고 덜 건강하고 남을 덜 배려하고 덜 사교적이며 학습능률도 떨어진다는 사실을 몰라서 내 아이가 덜 자고 공부를 더 하길 바라는 걸까?

반면, 아기 부모들은 키를 위해서, 몸무게를 위해서, 건강을 위해서, 인지향상을 위해서 수면교육을 해서라도 잠을 잘 자야 한다고 말한다. 아기 때만 잘 자면, 비만이 안 되고, 키도 잘 크고, 더 건강하고 똑똑한가? (공부할 게 없으니까 이때라도 잘 자야 하는 건가?)

물론 엄마도 편해야 한다. 그런데 '아기니까 원래 이렇게 힘든 걸 거야. 힘들지만 곧 지나갈 거야' 하고 생각하고 있는 느림보 엄마에게 "당신 힘든 거 다 알아. 그러니까 어서 빨리 수면교육 해서 천국의 육아를 맛봐"라고 할 수는 없는 것이다. '내가 지금 지옥에 있단 말인가?'

넓은 의미의 수면교육은 일찍 할수록 좋지만, 아기를 울려가며 하는 집중 수면교육까지 하루빨리 필요한 건 아니다. 수면교육도 엄마 속도와 아기 속도에 맞춰서 '할 수 있을 때' 하면 된다. 안 할 수도 있다. 수면교육 안 하면 아기의 뭐에 안 좋고, 뭐에 안 좋고 하며 상대 엄마의 죄책감과 불안감을 들쑤시며 종교 포교하듯이 권장하는 것은 정말이지 반대다.

2012년에 출간되어 전 세계적인 관심과 사랑을 받은 소설《아름다운 아이》에는 안면기형장애를 가진 주인공을 본 동네 꼬마가 놀라 괴물이라고 소리 지르는 장면이 나온다. 그때 그 꼬마의 베이비시터가 이런 말을 한다.

"꼭 나쁜 마음을 먹어야만 다른 사람의 마음을 다치게 하는 건 아니야."

그 꼬마가 주인공의 마음을 상하게 할 의도는 없었을 것이다. 하지만 그 소리를 들은 주인공은 상처를 입었을 것이다. 육아에 대해 좋은 의도로 조언을 해준 사람들 역시 이 꼬마처럼 상처를 줄 의향은 절대 없었을 것이다.

"왜 수면교육을 안 해? 힘들다며?"

그 말을 듣는 엄마의 속마음을, 나는 안다.

'그러게. 왜 안 하나 몰라…… 왜 못하나 몰라…….'

그럴 의도가 아니었어도 준비하지 않은 상대에게 상처를 줄 수 있다.

"수면교육, 하면 된다"는 주장에 반대한다

하나의 수면교육법이 모든 엄마와 아기에게 효과가 있다면 얼마나 좋을까마는, 분명 그대로 했는데도 내 아기에게는 효과가 없는 경우도 많다. 그리고 엄마한테 그 방식이 잘 안 어울리는 경우도 많다.

수면교육에 성공한 사람들은 실패한 사람들이 이상할 것이다. "뭔가를 잘못해서 그런 거 아냐?" 이해는 간다. 어쨌든 자신한테는 수면교육의 효과가 있었으니 성공률이 100%인 셈이기도 하다. 수면교육이 모두에게 효과가 있었다면, 수면교육에 대한 찬반 논쟁이 서양에서 50년 넘게 계속되어오지는 않았을 것이다. 수면교육을 반대하는 대표적인 그룹이 어디던가. 모유수유그룹들과 애착육아그룹들이다.

그들이 뭘 잘못해서 수면교육이 안 되니까 수면교육에 반대하겠는가. 처음부터 강한 의지를 가지고 아예 시도도 안 해본 부모들도 있겠지만, 시도를 해봤다가 아기 울음양과 울음소리에 화들짝 놀라 바로 중단한 부모들도 있을 것이다.

원래부터 타고나기를 얕은 잠 비중이 높게 태어나는 등의 아기 요인도 있고, 아기 울음에 더 민감하게 반응하고 얼른얼른 대응해주느라 헛울음을 못 견디는 등의 엄마 요인도 있다. 수면교육이 늘 좋은 결과를 가져오지만은 않는다. '하면 된다'는 긍정적인 자세는 좋지만, 긍정이 배반하는 때도 분명히 있다.

5

수면교육의 성공률과 성공의 열쇠

긍정육아법은 수면교육에도 그대로 적용되곤 해서, 수면교육에 성공하고 종용하는 선배맘의 글을 보면, 수면교육을 하기만 하면 성공할 듯한 착각을 불러일으킨다. 《베이비 위스퍼》의 트레이시 호그는 ABC 매직 3일 수면교육법이 99.5%의 성과가 있었다고 했다. 이러니 정말 혹할 수밖에! (하지만 내가 트레이시 호그는 아니잖아!)

객관적인 데이터가 있다. 어쩜 그렇게 엄마들이 궁금해할 만한 걸 다 조사해놓았나 싶기도 하다. 411명의 캐나다인 중에서 수면교육을 한 50%의 의견을 들어보니, 그중 수면교육 후에 아기가 안 깨고 잘 자더라는 비율이 14%, 수면교육 후 아기가 깨긴 하지만 그

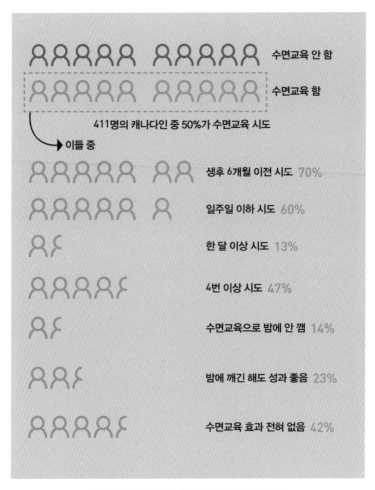

생후 6개월 이전 시도 70%

일주일 이하 시도 60%

한 달 이상 시도 13%

4번 이상 시도 47%

수면교육으로 밤에 안 깸 14%

밤에 깨긴 해도 성과 좋음 23%

수면교육 효과 전혀 없음 42%

〈캐나다 일반 가정의 수면교육 효과 설문 결과〉

래도 성과는 좋더라는 비율이 23%, 수면교육의 성과가 전혀 없었다는 비율이 42%였다. 심지어 수면교육을 네 차례나 시도한 비율도 47%나 된다.

수면교육의 성과는 '효과 있음 37%, 효과 없음 42%, 나머지 21%는 그럭저럭'인 셈이다.

6개월 이전에 수면교육을 안 했는가? 65%의 엄마들이 그렇다. 수면교육을 시도했지만, 실패했는가?(토닥토닥) 42%가 그렇다. 그런데 여기서 의문점이 생긴다. 똑같이 수면교육을 했는데, 누구는 성공하고, 누구는 실패하는 것일까? 수면교육의 성공 여부도 무언가에 달려 있는 것은 아닐까?

동일한 의문을 이 연구진들도 가졌다. 그리고 이들이 밝힌 연관관계에 따르면, 역시 수면교육의 성공의 열쇠는 엄마가 가지고 있었다. 수면교육에 대한 엄마의 태도가 긍정적이면 성공할 확률이 높다.

엄마들의 한숨 소리가 들리는 듯하다.

"아, 역시 내 탓이구나. 내 의지가 약해서 그랬던 거야."

아니다! 엄마가 긍정적이지 못하거나 의지가 약해서 그렇다는 의미라기보다는, 아기의 울음에 대한 엄마의 스타일, 임계치, 소신에 따라서 퍼버법(236p)과 같은 집중 수면교육법의 성공 여부에 영향을 주더라는 것이다.

예를 하나 들어보겠다. 수면교육을 하다 보면 생기는 숱한 문제 중 하나다. 수면교육을 시작했는데 아기가 악을 지르며 울다가 급기야 토하기까지 한다. 자, 아기가 토하는 것을 본 엄마는 이제 어떻게 해야 할까?

수면교육의 당위성을 주장하는 사람들은 절대 엄마가 놀라는 모습을 보여주지 말고 차분히 토사물을 치운 뒤 옷을 갈아입히고 다시 수면교육을 하라고 말한다. 당황하는 엄마의 모습을 보면 아기는 바로 '토함=원치 않는 일의 중단'이라고 인식하고 다음에 엄마가 자기 마음에 들지 않는 일을 할 때면 습관적으로 토하기 시작하니까 엄마가 차분히 대처해야 한다는 것이다. 게다가 아기가 토하는 것은 어른이 토하는 것처럼 어디가 아프거나 불편해서 하는 것이 아니라는 것이다.

그럴 법하다. 아기는 신생아 시절부터 잘 토하기로 유명하다. 토하는 것이 꼭 불편해서 하는 게 아니란 건 경험상 알고 있다. 토하면서 삼킨 공기를 뱉어내기도 하니 오히려 트림처럼 일종의 자연스러운 생리작용 같기도 하다. 이 말이 그럴듯하게 들리는 엄마라면 수면교육에 성공할 확률이 높다.

그런데 만일 '진짜? 어떻게 알아? 백일 전에도 위식도역류증처럼 토하면서 울고 절대 눕지 않으려고 하는 아기가 있는데, 지금 수면교육을 하는 이 아기가 어른이랑 토하는 방식이 다르다는 걸 어떻게 확신할 수 있지? 아기도 사람인데, 한 사람이 울다가 토하기까지 했는데 그걸 태연하게 받아들이고 또다시 토할지도 모르는 그 상황을 만들라는 게 아기 심리에 괜찮은 거야? 내 마음은 그렇지 않은데?' 이런 의문이 드는 엄마라면 어떨까? 이 엄마는 수면교육에 실패할 확률이 높다.

누가 옳을까. 아쉽게도 아직 과학은 명확히 답해주고 있지 않다. 엄마가 결정해야 한다.

이처럼 앞서 말한 설문조사 결과에 의하면 퍼버법과 같은 집중 수면교육이 아기의 필요를 무시하는 듯한 기분이 들거나 아기 울음에 금방 반응하지 않으면 아기가 더 심하게 운다고 생각하는 부모일수록 집중 수면교육에 성공할 확률이 낮다.

낮에 충분히 아기의 요구에 민감하게 대응했고 애착형성도 잘해주었으니 밤에까지 심하게 울며 요구하는 걸 들어줄 의무는 없다고 생각하는 부모일수록 집중 수면교육에 성공할 확률이 높다.

갓난아기라도 울음으로 부모를 조정할 수 있다는 생각을 가질수록, 주변에 아기가 운다고 큰일 나는 것은 아니라고 생각하는 사람이 많을수록, 또 주변에 집중 수면교육에 성공한 사람이 많을수록 수면교육 성공 확률도 높아진다.

수면교육 성공 확률이 낮은 부모들은 오해하지 않았으면 좋겠다. 그 부모들이 물러터졌다거나 애한테 쩔쩔맨다는 이야기가 아니다. 수면교육 성공 확률이 높은 부모들 역시 오해하지 말았으면 좋겠다. 그 부모들이 냉정하다거나 자기 편한 걸 우선한다는 이야기가 아니다.

수면교육 성공 확률이 낮은 부모와 높은 부모는 단지 육아 스타일이 다를 뿐이다. 아기가 자람에 따라 지금은 수면교육 성공 확률이 낮은 부모라도 점차 수면교육 성공 확률이 높은 부모의 마인드를 가지게 된다. (이 말이 마치 수면교육 성공 확률이 낮은 부모가 진화하고 발달해야 수면교육 성공 확률이 높은 부모가 되는 것처럼 들릴 수도 있겠지만, 지금 이 책을 읽는 분이라면 내가 그런 의미로 글을 쓴 것이 아니라는 건 알고 있으리라 믿는다.)

왜?

먼저 아기가 달라진다. 아기가 자라면서 배고파 깨는 일이 줄어든다. 자라면서 수면패턴도 성인처럼 발달하게 된다. 엄마도 달라진다. 아기가 세상에 적응하느라 처음엔 이렇게 힘들 테니 성인인 내가 좀 참아줘야지, 했던 마음이 '이젠 세상에 적응할 만도 해, 나도 그간 많이 힘들었으니 너도 이젠 좀 엄마 삶에 적응할 때가 되었지'로 변하게 된다.

지금이 그때가 아닌 것뿐이다. 아직은 아기가 우는 게 떼를 써서 부모를 자기 맘대로 하려는 것은 아니라는 생각이 들고, 아직은 아기도 세상에 적응하기 힘들 테니 엄마가 좀 더 희생하는 게 나을 거라는 생각이 드는 것뿐이다.

뒤집어 생각하면, 수면교육 성공 확률을 높이는 방법은 '아기가 밤에 좀 울어도 괜찮을 거야. 나도 할 만큼 했어'라는 마인드가 충분히 생길 때까지 기다리는 것인 셈이다. 그 마인드가 생기지 않으면, 집중 수면교육은 기다리는 편이 낫다. 아직 수면 환경만 조성해주는 넓은 의미의 수면교육[아기 잠 오는 신호 파악(140p), 헛울음 기다리기(133p), 수면연상 줄여나가기(155p)]에 집중하면 된다.

그 마인드가 이미 생겼다고? 그럼 시도해보라! 성공할 것이다!

수면교육의 역사가 우리나라보다 훨씬 긴 미국의 온라인 육아 포털사이트인 베이비센터의 아이 수면 실태조사 결과를 보자 (http://www.babycenter.com/sleepstudy). 2012년의 베이비센터 서베이 내용을 말로 풀어놓은 페이지다.

① 부모에게 있어 시간이나 돈보다 중요하고 가장 큰 문제가 수면 부족 54%.

② 항상 피곤하다고 느낌 60%.

③ 하루 6시간도 못 잠 50%, 1/3은 밤잠을 제대로 못 잔다고 느낌.

④ 50%가 수면교육이 생각보다 어려웠다고 느끼고, 45%는 수면교육을 다시 했어야 함. 그런데도 여전히 수면 문제가 있는 비율 1/3, 아직 밤에 깨는 비율 46%.

⑤ 아기 재우는 방법 중 최고는, 완전히 잠들기 전에 눕히기 50%, 함께 자기 50%, 백색잡음 사용 46%, 밤중수유 23%.

아기의 잠 문제는 나만 겪는 게 아니다. 수면교육이 우리보다 훨씬 보편화된 미국에서도 마찬가지다. 수면교육을 했는데도 아기가 못 자는 경우도 적지 않다. 나만 애를 못 재우는 게 아니다!

6

⋮

수면교육 한다고
그걸로 끝이냐?-수면퇴행

수면교육 한 번에 모든 게 '게임 끝!'이면 참 좋을 텐데, 아기들이 잘 자다가도 어느 순간 무엇 때문인지 가끔씩 퇴행을 한다.

이런 수면퇴행 이야기를 하면 "구더기 무서워 장 못 담그냐"는 반박이 돌아올 수도 있다. 물론 수면퇴행이 무서워서 수면교육을 못할 것은 없다. 내가 말하려는 것은 수면교육을 했든 안 했든 이런 퇴행에 너무 좌절하지는 말라는 것이다. 수면교육을 하더라도 이런 퇴행은 있을 수도 있고 또 금방 지나가는 일이라는 것이다.

4개월 수면퇴행-백일의 기적, 아니 기절!

만 1~2개월에 수면교육을 힘들게 했고 다행히 아기가 잘 따라와서 잠을 잘 자게 되었지만 4개월쯤에 갑자기 수면퇴행이 오면서 수면교육의 효과가 사라지는 경우가 있다. 나는 수면퇴행을 겪는 엄마들이 오히려 수면교육을 시도해보지 않은 엄마에 비해서 훨씬 더 힘들어하는 걸 봤다. 수면교육으로 잘 자던 아기를 경험해봤으니, 갑자기 잘 못 자는 아기가 더 힘들어지는 것이다.

4개월 퇴행은 무엇인가. 아기의 수면패턴이 발달하면 어른의 수면패턴을 닮아간다. 얕은 잠 단계 중에 그 전까지는 없던 수면파가 발달하기 시작하는데 그 수면파로 인해서 깜짝 놀라 깨는 일이 잦아지게 되는 것이다.

"수면교육을 잘 끝냈다 생각했는데, 양가 부모님댁을 다녀오고 나니 아기가 내려놓기만 하면 울고, 자다가 자꾸 놀라서 깨요. 양쪽 할머니 할아버지가 너무 안아줘서 그런가 봐요" 하고 부모님 탓을 하기도 하고 "복직하기 전에 아기가 잘 잤으면 해서 수면교육을 해냈더니, 복직하고 나자 아기가 스트레스를 받는지 다시……"라며 복직한 자신을 한탄하기도 한다.

부모님 탓일 수도 있고 복직한 엄마 탓일 수도 있겠지만, 만 4개월 즈음에는 그런 이유와 상관없이 커다란 수면퇴행이 찾아올 수 있다. 아기의 수면패턴이 성인의 수면패턴으로 바뀌어가는 퇴행이다. 어른 패턴으로 바뀌어가는데 왜 퇴행이라고 하는지 이상하기도 하다. 하지만 잘 자던 아기가 잘 못 자니 퇴행은 퇴행이다.

느림보 수면교육

어느 정도까지 퇴행하는지 한 선배맘의 글을 옮겨와보겠다.

"첫째 때 잠 문제로 너무 힘들었기 때문에 둘째 때는 아예 처음부터 수면 문제가 생기지 않도록 습관을 잘 잡아줘야겠다 싶었죠. 그래서 신생아 때도 단 한 번 안아 재운 적이 없고, 바닥에 등 대고 누워 자도록 울어도 눕혀서 토닥이고 정 안 달래지면 잠깐 안아줬나가도 진정되면 바로 눕혀 토닥여 재우곤 했어요. 덕분에 신생아 시기에는 4~5시간 안 깨고 자고 2개월이 되어서는 7시간까지도 안 깨고 잤어요. 조리원 동기들한테 조언을 해줄 정도였죠. 그런데 4개월이 되자 확 달라져버렸어요. 처음엔 급성장기려니 했는데 한 번 깨던 것이 두 번으로 늘고 두 번 깨던 것이 이젠 1~2시간마다 깨고 밤잠 자기 전에도 1시간을 울다 자요. 낮잠은 1시간 반, 2시간, 30분씩 잘도 자는데 밤잠은 아니에요."

수면패턴의 변화 외에도 여러 이유가 있다. 4개월에는 뒤집기를 하면서 새로운 기술을 익히는 데 두뇌가 더 집중하는 바람에 잠을 자다가 뒤집기를 해 홀라당 깨버리는 일도 생긴다. 뒤집기는 했는데, 자세가 불편해서 "엄마, 엎드려 자니 불편해요" 하며 깨는 것이다. 게다가 처음으로 뒤집기를 하면서 몸이 느닷없이 휙 돌아가니 깜짝 놀라 엄마의 위로가 더 필요하기도 하다. 큰아이가 처음 뒤집기를 연습할 때 지켜보는 나는 신기하고 즐거웠지만, 아이는 뒤집기를 하면서도 짜증스러워하는 것처럼 보였다. 마치 "나는 하고 싶지 않은데, 자꾸자꾸 하게 돼"라고 말하는 것처럼 보였다고 할까.

바로 이런 이유로 백일이면 아기가 잘 자기 시작한다는 '백일의 기적'을 맛보는 엄마와 달리, 오히려 '백일의 기절'을 경험하는 엄마도 있는 것이다.

그럼 어떻게 할 것이냐. 안타깝게도 수면퇴행은 시간이 해결해 줄 때까지 기다려야 한다. 수면교육을 일찍 했든 안 했든, 이런 시기에는 좀 더 여유를 가지고 커다란 수면 일과는 유지하되 자질구레한 것들은 좀 놓쳐도 괜찮다고 생각하는 것이 서로에게 스트레스를 덜 받는 비결이다.

4개월에는 뒤집기를 하면서 자주 깨기도 하므로, 이때 아기 양 옆에 뒤집기를 못하도록 도구를 사용하는 꼼수를 부릴 수도 있지만, 결국 최종적인 해법은 시간이다. 6개월에 첫 유치가 나오거나 앓기 시작하면서 작은 퇴행을 경험하기도 하고, 애착형성에 꼭 필요하다는 분리불안과 기어다니는 연습 때문에 8~10개월쯤 다시 한번 4개월 때와 같은 커다란 수면퇴행이 오기도 한다. 엄마가 눈에 안 보이면 불안해하는 것이 잠을 잘 때도 마찬가지인 것이다.

이것저것 봐주다 보면 우리 애는 언제 잘 자게 되나 궁금하겠지만, 어쨌든 아기로서는 잠자는 일 외에 해야 할 일이 너무 많은 게 사실이다.

수면교육 직후 일관성 시험 퇴행

수면교육 전문가들은 수면교육이 잘 진행되다가 1~2주 사이에 퇴행이 올 수 있다고 말한다. 수면교육이 잘되자 엄마아빠가 좀 느슨해지게 되는데, 이때 부모가 수면교육의 일관성을 잘 지키는지 시험(?)하려고 이런 퇴행이 온다는 것이다.

새로운 습관이 정착되기 전에, 오래된 습관이 오히려 증가하면서 새로운 습관을 거부하는 현상이 나타나는 것은 학습심리학에서도 유명한 현상이다. 오래된 습관이 '소거'되는 과정에서 '격하게 나타난다' 하여 '소거 격발'이라고 한다.

수면교육 역시 새로운 습관을 들이는 과정이기 때문에 소거 격발이 나타날 수도 있다.

급성장기, 발달단계로 인한 퇴행

돌 이전의 아기는 급성장기도 잦고 발달하게 되는 것들도 많다. 수면교육을 잘하고 나서 아기가 푹 자고 나니 갑자기 급성장기가 올 수도 있다.

"혹시 정말 배고팠던 게 아닌가 싶어 분유를 샀어요. 저녁 5~6시쯤 젖양이 부족함을 느꼈기에 마지막 7시 수유 때 한번 먹여보려고 했죠. 이렇게 해도 어제처럼 울면 그냥 수면교육 포기하자는 마음이었어요. 그런데 6시 반에 젖 물리고 한 시간 뒤 100밀리리터를 꿀떡꿀떡 원샷을 하더라구요. (중략) 급성장기가 와서 수면교육 전의 수유량으로는 부족해진 아기가 배고파 잠을 잘 수 없었던 거죠."

급성장기뿐 아니라 수면교육 후에 뒤집기나 앉기, 기기 등 새로운 기술을 갑자기 시작하는 일도 참 흔한 일이다.

일과성 퇴행−진행과정 중에 잠깐 있는 퇴행

아기도 사회적 존재라서 가족여행이나 친척 방문 등 평범한 일과에서 벗어나 새로운 일이 생기면 퇴행을 겪을 수도 있다. 이럴 때는 아기만 퇴행을 겪는 게 아니다. 어른도 이런 새로운 경험에는 뭔가 달라지는 걸 느끼니까. 하지만 이런 경험도 쌓이고 쌓이면 아이도 더 이상 아기 시절만큼 민감한 퇴행을 겪지 않는다. 배워가는 과정에 겪는 시행착오형 퇴행인 셈이다.

그러니 "시댁(친정)에 갔더니 할아버지(할머니)가 아기를 하도 안아줘서"라며 시부모(친정부모) 탓은 하지 말고 일상으로 돌아와 다시 예전 같은 수면의식과 수면 일과를 지켜주면 된다. 그러면 아기도 퇴행에서 곧 벗어나게 된다.

향본능표류

나도 몇 년 전에 처음 들은 단어다. 학습심리학 수업을 받으면서 '향본능표류'라는 말을 처음으로 들었는데, 그때 '아! 혹시 이게 아닐까?' 싶었다. 물론 아기의 수면퇴행을 이 향본능표류와 연관하여 설명한 사람은 본 적 없으니 어디까지나 내 추론일 뿐이다.

먼저 향본능표류에 대해 설명하자면 이렇다.

돼지들에게 주둥이로 동전을 집어 저금통에 넣는 훈련을 시켰다. 돼지들은 훈련받은 대로 잘 따라했다. 그러나 이후 일부는 훈련을 잘 이어나갔지만 일부는 동전을 저금통에 집어넣는 대신 원래

느림보 수면교육

음식을 찾는 돼지의 본능에 따라 주둥이로 동전 밑을 들이밀어 위로 던지기 시작했다. 훈련을 통해 돼지 본능과 상관없는 행동을 배웠지만, 얼마 후에 일부는 본능으로 돌아가버린 것이다. 그걸 본능을 바라보고 표류해버렸다 해서 '향본능표류'라고 한다.

아기도 훈련 또는 교육을 통해 혼자 누워 자는 것을 배우긴 했지만 얼마 지나고 나니 뱃속 10개월의 기억에 의해 어딘가에 폭 안겨서 둥둥 떠다니던 그 기분으로 되돌아가고 싶은 그런 퇴행을 겪는 것은 아닐까?

이렇게 여러 가지 퇴행도 애 키운 사람들이 보면 그저 하나의 과정에 불과하다. 굳이 퇴행이라는 말을 안 붙여서 그렇지, 아이 키우는 과정 하나하나가 시행착오 아닌가. 그래서 아기도, 엄마도 첫해가 가장 힘든 것이다.

7

⋮

수면교육 할 용기가
(아직) 나지 않는 엄마들에게

① 잠은 두뇌 신경 발달에 의한 생리현상이다

집중 수면교육을 강조하는 사람들은 "안 가르치면 자는 법을 배우지 못한다"고 주장하기도 한다. 잠도 피아노나 자전거를 배우는 것처럼 배워야 하는 것이라고 말한다. 하지만 잠을 자는 것은 배우지 않아도, 생리현상에 따라 저절로 습득하는 기술이다. 대신 잠을 잘 자는 습관은 배울 수 있다. 부모가 가르칠 수 있다.

지금은 국민 육아 필독서 반열에 올라선 《베이비 위스퍼 골드》. 이 책을 출판사에서 아예 번역할 의향조차 없었다는 사실을 아는가. 왜? 당시엔 수면교육에 관심 있는 엄마들이 별로 없었으니까.

그만큼 우리나라도 수면교육에 관심이 없던 시절이 있었다. 불과 10년 전만 해도 그랬다. 그 시절 태어나 지금 10~11살이 된 아이들이 수면교육을 못 받아서 모두 수면장애를 겪고 있을까?

아니다! 잠은 배워지는 기술이 아니다. 좋은 수면습관은 배울 수 있는 기술이라서 배워두면 통잠 속도를 빨리할 수는 있지만, 잠 자체는 습득해야만 하는 기술이 아니다. 잠자는 것은 피아노나 자전거처럼 배우지 않으면 할 수 없는 그런 기술이 아니다.

② 이유는 다양하고 엄마의 잘못만은 아니다

아기는 배가 고파도 잠을 못 자고, 분리불안을 겪어도 잠을 못 자고, 우유 알레르기나 유당불내성이 있어도 잠을 못 자고, 새로운 기술을 습득할 시기여도 잠을 못 자고, 이가 나는 중이어도 못 자고, 아파도 못 자고, 철분이 부족해도 잠을 못 잔다. 그리고 집 안의 작은 변화에도 잠을 못 자는 경우가 많다.

잘 자는 애들은 이런 이유가 전혀 없어서 잘 자는 거냐고? 전혀 없어서가 아니라, 덜 느껴서 그럴 수 있다. 덜 예민해서.

③ 혼자가 아니다! 5명 중 1~2명은 동지다

돌 이전에 아기 수면 문제를 겪는 비율은 수면교육이 잘 알려진 미국에서도 대략 20%를 차지한다. 5명 중에 1명 정도는 동지인 셈이다! (아마 취침시간이 늦은 우리나라는 비율이 더 높을 것이다.) 다만, 그 동지들이 잘한 것은 없는 듯한 기분이 들어 입을 다물고 있는 것일 뿐이다. 물어봐도 잘 나서지 않는 동지들이 많다.

④ 자기 자신을 돌보는 걸 잊지 마라

아기를 돌보는 거, 당연히 중요하다. 하지만 엄마 자신을 돌보는 걸 잊으면 안 된다. 아기를 잘 재우기 위해서 햇빛을 보여줘야 하듯, 엄마 역시 우울증에서 벗어나기 위해, 운동량을 늘리기 위해 산책을 하면 좋다. (햇빛이 우울증에 도움이 된다는 것은 입증된 사실이다.)

이 대목은 말하고서도 좀 안타깝다. 아이를 키우는 데는 온 마을이 필요하다는데, 요즘 우리나라 사정이 그러하던가? 온 마을은커녕 남편이라도 일찍 퇴근시켜주면 좋겠다. 아니, 남편이 안 되면 엄마인 나라도 일찍 집에 보내주든가.

그래도 엄마 자신을 돌봐야 한다. 아이 낳기 전에 좋아했던 게 무엇이었는지 기억해야 한다. 아이 두뇌를 발달시킨다고 모차르트 음악만 틀지 말고 엄마가 좋아하던 가요도 많이 듣고, 육아 책만 읽지 말고 좋아하는 소설도 읽어보시라.

⑤ 그저 힘든 심정을 들어줄 귀를 찾아라

나중에 애를 키우다 보면 '감정코칭' 또는 '공감육아'라는 육아법을 알게 될 것이다. 우리는 누가 힘들다는 말을 하면 뭔가 충고를 해주고픈 마음이 먼저 든다고 한다. 그런데 힘들다는 말을 하는 사람에게 필요한 것은 충고나 문제 해결방법이 아니라 힘들다는 말을 있는 그대로 들어주는 것인 경우가 더 많다. 이게 감정코칭, 공감육아의 골자다.

그래서 육아로 힘든 엄마들은 귀를 찾아야 한다. 입은 필요 없다 (입은 정말 널리고 널렸다. 검색만 하면 되니까). 진짜 귀가 없다면 '사이버 귀'라도 찾아라. 어딘가 욕먹거나 비난받거나 함부로 조언받을 필요 없이 귀 역할을 해줄 카페나 사이트가 있을 것이다. 그런 곳을 찾으면, 남들 글만 봐도 귀를 찾은 듯한 기분이 들 수도 있다.

⑥ 모든 월령의 모든 아기에게 적용되는 완벽한 수면교육법이란 없다

없다! 있으면 수면교육에 관한 논쟁을 종결지을 책이 나왔을 것이다. 아직도 수면교육에 대한 책이 끊임없이 나오고 연구가 끊임없이 진행 중이라는 사실이 이를 입증한다. 아기의 잠이 계속 진행 중인 것처럼, 아기 수면교육법도 계속 변화하며 진행 중인 것이다.

⑦ 언젠가 통잠을 자는 날이 온다

그 언젠가가 곧 다가와주길 바라지만, 어쨌든 아기가 통잠 자는 날은 언젠가는 반드시 온다. 수면 환경을 개선해주면, 그리고 때로는 집중 수면교육을 해주면 더 빨리 올 수도 있지만, 늦더라도 언젠가는 온다.

⑧ 의학적 도움이 필요할 때도 있다

아기들이 늦어도 두 돌 정도면 통잠을 자는데, 그때도 통잠을 안

잘 때는 의학적인 도움이 필요할 수도 있다. 철분 부족으로 인한 하지불안증이나, 알레르기, 부정교합, 아데노이드 비대 등으로 인한 호흡불안정 문제가 의학적인 도움이 필요한 경우다.

물론 두 돌 이전이라도 이런 의학적 원인을 밝힐 수 있다. 다만, 시술을 받기에는 어린 나이라서 원인을 아는 데 만족해야 할 수도 있으나, 그렇다 해도 원인을 아는 것만으로 도움이 될 것이다. 수면 클리닉에 따라서는 수면 검사에 소요되는 비용이 실비보험으로 처리되는 곳이 있으니 미리 확인하고 검진을 시작하는 게 좋겠다.

⑨ 아주 잘했고, 잘하고 있고, 앞으로도 잘할 것이다

잠 문제뿐 아니라 모든 문제에 대해서는 크게 두 가지의 해결법이 있다. 하나는 그 문제 자체가 없어지도록 해결하는 방법. 또 하나는 그 문제를 바라보는 시각을 달리해서 그 문제를 여전히 가지고도 삶을 살아가는 방법.

아기 잠 문제를 가지고 얘기를 하자면, 이런 거다.

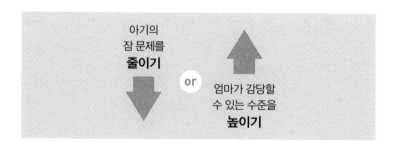

　　　　　　　　　　　　느림보 수면교육

심한 잠투정 등의 아기 잠 문제를 없애거나 엄마가 감당할 수 있는 수준을 높이거나. 후자 역할을 잘해내도록 누군가가 감정적으로 지원을 해주면, 엄마는 육아 자존감을 얻고 아기 잠 문제를 직접 해결하기 위한 방법을 모색할 가능성이 높아진다.

아기가 잠을 잘 못 잔다는 이유 하나만으로 수면교육을 할 필요는 없다. 엄마가 견딜 수 있다면, 전반적인 생활에 영향을 주지 않는다면, 아기의 울음이나 잠투정도 괜찮은 것이다. 하지만 엄마가 견딜 수준을 넘어섰다면, 또는 아기의 잠 문제뿐 아니라 생활 자체가 고문이고 고통이라면, 이젠 수면교육을 해봐야 할 시점인 것이다.

이제 수면교육의 세계로 들어설 의지가 생겼는가? 그렇다면 한 번 들어가보자.

⋮

아기가 받는 수면교육

⋮

더 깊이 느끼게 되었다. 무슨 일을 하든 아이를 먼저 생각한다.
내게 큰 변화다. 그리고 그거, 잠 못 자는 것도.

제나 드완 테이텀(Jenna Dewan-Tatum)

0

느림보 수면교육이란?

5장은 앞에서 이야기한 모든 것을 이해하고 시도해보았으나 아기의 잠 문제는 여전히 그대로인 엄마들을 위한 것이다. 특히 아기가 잠을 못 잘 뿐만 아니라 낮에도 늘 안아달라 보채며 아무것도 못하게 하는, 수면패턴이 잡힌다는 4~6개월의 시기마저 넘긴 아기를 둔 엄마들이 눈여겨봤으면 좋겠다.

다시 한 번 강조하고 싶다. 자신이 준비되지 않았으면 수면교육은 시도하지 않는 게 좋다. 남이 하라고 해서 하는 일은 결과가 좋든 나쁘든 그 결과를 고맙게 받아들이기가 어렵다. 결과가 좋으면 원래 그런가 보다 하게 되고, 나쁘면 남은 잘된다는데 왜 나는 안 될까 싶어 좌절감이 크다. 내가 결정하고 한 일은 결과가 좋든 나쁘든 인정하기 쉽다. 수면교육이라고 다르지 않다.

맨날 똑같은 것을 하면서 다른 결과를 바랄 수 없는 때가 왔다고 생각하면, 이제 아기가 받는 수면교육을 시도해볼 차례다.

이번 장에서는 수면교육 방법에 대한 이야기를 할 것이다. 어차피 하기로 작정한 수면교육이라면 커다란 목표를 작은 목표로 쪼

개고 쪼개서 천천히 나눠 할 수 있도록 방향을 제시하고 싶다. 그래서 나는 이를 '나눠 하는 수면교육', '느림보 수면교육'이라고 부른다. 어떤 방법으로 수면 흐름을 조성할 것인지 방향을 먼저 제시한 다음 본격적인 수면교육 방법을 소개할 예정이다.

우리나라에서는 수면교육 방법이 널리 알려져 있지 않기 때문에 엄마들은 수면교육의 '정확한 방법'을 묻곤 한다. 또한 수면교육의 방법을 제시했다는 책 중에는 저자가 소개한 방법을 '정확히' 사용하기만 하면 아기의 수면 문제는 모두 해결된다며 마법을 걸어두는 경우가 대부분이다. 대단한 확신이라 귀가 솔깃할 수밖에 없다. 그러나 뒤집어 생각하면, 저자 입장에서는 수면 문제가 해결되지 않았을 때 부모가 방법을 '정확히' 사용하지 않은 것이라는 핑곗거리를 미리 만들어둔 셈이다.

마법에 속지 마시라. 수면교육을 하는 백 명의 엄마가 있다면, 수면교육을 하는 백 가지의 방법이 생기는 것이다. 한 전문가가 추천한 방법을 가지고도 이를 실행하는 방법은 다를 수 있다. '정확한' 방법에 연연할 필요가 없다.

아무리 '보통' 아기 얘기를 한들, 어떤 아기는 '보통' 아기가 아닐 수 있다. 그 판단은 엄마의 직관력에 달려 있다. 자신의 아기가 '보통' 아기랑 약간 다른 반응을 보인다면, '보통' 방법과 다른 방법도 시도해보는 게 당연하다. 아기에 대한 세심한 관찰을 통해 아기와 엄마에게 어울리는 방법을 찾아야 한다.

1

수면교육의 적절한 시점

언제부턴가 우리나라에도 아기 수면교육의 바람이 불어 아주 어린 월령부터 수면교육을 시키는 분위기이긴 하지만, 여전히 많은 엄마들이 궁금해한다. 언제가 수면교육을 하기 적절한 시점인가? 이 또한 다른 숱한 이슈와 마찬가지로 전문가 사이에서도 견해가 엇갈린다.

2016년 4월 현재 아마존 육아부문 베스트 20에 든 아기 수면 관련 책들을 꼽아보자면, 《엄마 뱃속이 그리워요(The Happiest Baby on the Block)》, 《On Becoming Baby Wise》, 《The Baby Book》, 《우당탕탕, 작은 원시인이 나타났어요(The Happiest Toddler on the Block)》, 《아

이들의 잠, 일찍 재울수록 건강하고 똑똑하다(Healthy Sleep Habits, Happy Child)》,《What to Expect the First Year》,《우리 아기 밤에 더 잘 자요(The No Cry Sleep Solution)》등 총 일곱 권 정도이다.

그중 애착육아를 표방한 두 권의 책(《The Baby Book》,《우리 아기 밤에 더 잘 자요》)은 수면교육이 꼭 필요하진 않으며 좀 느린 월령에 수면교육을 할 것을 권장하고 있다.《The Happiest~》시리즈인 하비 카프 박사의 두 권의 책은 수면교육 시기에 대한 명확한 언급은 없으나 매스컴과의 인터뷰에서 혼자 울려 재우는 수면교육법에 대해 '고문'이라고 표현한 것을 보면, 이른 시기에는 적절한 수면 환경을 조성해주는 것을 진정한 수면교육이라 보고 있는 것 같다.

반면에 오랜 명성을 가진《On Becoming Baby Wise》에서는 출생 첫날부터 이미 정확한 스케줄을 중시하는 등 불과 몇 주 된 아기의 수면교육을 지지하고 있으며,《아이들의 잠》은 만 3~4개월까지는 아기 패턴을 따라가도록 하되, 그 이후가 되면 하루라도 빨리 수면교육을 할 것을 권장하고 있다.《What to Expect the First Year》는 위 여섯 권 중에서 가장 역사가 오래되고 장기간 미국 부모의 사랑을 받은 책인데, 수면교육의 적정 시점을 6개월경으로 보고 있다.

그런데 재미난 것은 수면교육 적정 시점도 유행을 탄다는 것이다. 나는 개인적으로 아기 수면에 대해 관심을 가지고 있었기 때문에 아마존 등 대형 서점의 베스트셀러에 속하는 책도 읽었지만, 각 지역별 유명 내니의 e-book도 몇 권 구매해 읽었는데(이런 지역별 유명 내니들의 책이야말로 미국의 분위기를 그대로 담고 있다. 중산층의 부모가 고

용할 수 있는 사람은 베스트셀러의 저자가 아닌, 각 지역의 내니들이기 때문이다),
아기의 수면교육 권장 시점이 큰아이를 낳았던 10년 전과 한 차례
달라졌다가 최근 들어 다시 한 번 달라졌다.

10년 전에는 베스트셀러 작가의 오랜 의견에 따라 각 육아 포털
사이트에서도 생후 6주~4개월 이전의 수면교육을 권장하는 분위
기였다. 그러다가 한동안은 각 지역 내니의 블로그나 e-book, 육아
포털 사이트에서 수면교육 권장 시기가 4~6개월 이후로 늦춰졌
다. (앞서 언급했던 수면교육 찬반 연구(186p)에서도 두 연구가 4~6개월
이후 아기를 대상으로 한 것이었음을 다시 한 번 언급하고 싶다.) 수면교
육에 대한 발달심리학자들의 찬반 다툼 덕에 수면교육을 반대하는
측과 찬성하는 측, 양측을 만족시켜야 한다는 압박을 받게 되어 일
반인을 대상으로 한 저자들이 전반적으로 수면교육 시기를 늦추는
방향으로 의견을 개진한 까닭이다.

그러다가 프랑스 아이들은 만 2개월경이면 이미 통잠을 자기 시
작한다는 등 프랑스식 육아법을 소개한 《프랑스 아이처럼》이 출판
1년도 되기 전에 베스트셀러에 등극한 것과 때를 같이하여 미국 뉴
욕의 연예인급 소아과의사인 미셸 코헨(Michel Cohen) 박사도 "3개
월 아기가 수면교육을 해서 잘 잘 수 있다면, 2개월 아기가 안 될 이
유가 무엇인가"라고 주장했다. 그때부터 만 8주쯤부터 '저녁 7시
에 아기 방문을 닫고 그다음 날 아침 7시에 방문을 열어라'는 식의
극한의 수면교육법이 다시 유행을 타기 시작했다.

지난 20~30년 동안 커다란 육아 기류이던 애착육아가 부모 측

의 지나친 희생을 강조한다는 반발심이 크게 작용하고 있는 것 같다. 이렇게 수면교육 시기도 사회 분위기에 따라서 달라진다! 아기들은 변한 게 없는데, 육아 기류만 달라지는 것이다. 결국 수면교육의 적정 시점은 부모가 알아서 결정해야 하는 셈이다.

그래도 수면교육 적정 시기가 궁금한 엄마들에게

수면교육 적정 시기에 대한 의견은 크게 세 가지 경우로 나눌 수 있다. 일찍 할수록 좋다, 늦게 할수록 좋다, 6개월 이후에 하는 게 좋다. 그런데 각 월령별로 이때는 이래서 좋고 저때는 저래서 좋지 않다며 수면교육 시점에 대해 정의하는 책이 한 권 있다. 마크 루이스(Marc Lewis) 박사의 《Bedtiming》이라는 책이다. 간략히 소개해보겠다.

0~2.5개월 (수면교육 시기로 별로) 밤낮 구분도 못하고, 신체리듬을 조절하는 호르몬인 멜라토닌도 아직 분비되기 전이며 수유도 자주 한다.

0~2.5개월	(별로)
2.5~4개월	(좋음)
4~5.5개월	(별로)
5.5~7개월	(최상)
8~11개월	(최하)
12~16개월	(좋음)
17~21개월	(별로)
22~27개월	(좋음)
28개월~만 3세	(별로)
만 3~3.5세	(좋음)
만 3.5~4세	(별로)

〈≪Bedtiming≫의 수면교육 시기〉

2.5~4개월 (수면교육 시기로 적절) 3개월이 가까워지면 수면 리듬이 형성되기 시작하고 밤잠의 틀이 잡히며 사람들을 좋아하고 아직 분리불안을 겪지 않았다. (그런데 나는 이 책의 의견과 달리 이 시기의 수면교육은 4개월 퇴행을 앞두고 있어 적절치 않다고 본다.)

4~5.5개월 (수면교육 시기로 별로) 뒤집기를 시작하고 옹알이를 하고 부모의 반응을 기다리며 상호작용을 배워나간다. 엄마의 반응을 배우는 시기이기 때문에 울어도 반응 없는 상황은 아기

에게 힘들다.

5.5~7개월 (수면교육 시기로 최상!) 엄마아빠도 중요하지만 장난감 등 외부에 관심이 많다.

8~11개월 (수면교육 시기로 최하!) 분리불안을 겪기 시작하면서 이제는 엄마가 눈에 보이지 않아도 어딘가에 있다는 사실을 인지한다. 엄마가 문 밖에 있긴 한데, 울어도 눈에 보이지 않는 것을 아기는 힘들어한다.

12~16개월 (수면교육 시기로 적절) 다른 사람보다 자기 자신의 언어와 움직임의 발달에 더 집중하는 시기라 할 수 있다. 그래서 엄마아빠에게 이전보다 덜 집착한다.

17~21개월 (수면교육 시기로 별로) 역설적이지만 아기가 자율성과 독립성을 배워나가는 이 시기에 오히려 엄마가 더 필요한 모순을 겪는다. 그래서 수면교육 하기에는 그다지 적합하지 않다.

2

⋮

다양한 수면교육 방법들

여기서는 다양한 수면교육 방법을 알아볼까 한다. 단 한 가지가 아니니 자신에게 맞는 방법을 찾으면 된다. 앞쪽에 소개된 방법일 수록 아기가 많이 우는 방법이고, 뒤쪽에 소개된 방법일수록 엄마 아빠가 많이 참아야 하는 방법이다.

혼자 울려 재우기 – 소거법

별다른 수면교육법이 제안되기 전까지 서구에서 많이 사용되던 방식으로 현재도 수면교육의 대표로 불린다. 학회 용어로 '소거법

(extinction)'이라는 말을 사용하고 있다. 아기 잠에서 부모를 소거한
다, 즉 부모는 빠진다는 의미에서 '소거'라는 용어를 사용한 것이
다. 아기가 혼자 울다가 잠들게 하고 며칠간 이 방법을 반복하여 스
스로 잠드는 법을 가르치는 것으로 마크 웨이스블러스 박사가 《아
이들의 잠》에서 가장 많이 언급해놓았다. 앞서 《프랑스 아이처럼》
에 대한 소개를 하면서 잠깐 언급한 미셸 코헨 박사도 "저녁 7시에
문 닫고 아침 7시에 문 열어라"라고 제안했던, 그냥 혼자 놔두는 방
법이다.

잠깐씩 달래주며 혼자 울게 하기 – 점진소거법(오리지널 퍼버법)

요즘 우리나라에서 수면교육만큼이나 유명한 단어가 '퍼버법'
이라는 것인데, 그 '퍼버'가 바로 리처드 퍼버(Richard Ferber) 박사의
이름에서 따온 것이다. 퍼버법은 논란의 소지도 많지만, 그 효과만
큼은 연구 결과로도 입증된 바 아기 잠 문제를 해결하는 좋은 방법
중 하나다. 그런데 1980년에 제안한 이 방법 때문에 퍼버 박사만큼
수면교육 부분에서 오해를 많이 받고 있는 사람도 없다. 퍼버 박사
는 점진적으로 부모가 빠지는 방법을 제안했지만 처음부터 끝까지
아기 혼자서 울리는 방법으로 오해되고 있기 때문이다. '퍼버라이
즈(Ferberize)'라는 용어까지 등장해 아기를 혼자 울리는 방법을 대표
하고 있을 정도다. 2006년 그는 이 '(점차) 울려 재우기' 방법이 모
든 아기에게 효과가 있는 것은 아니라며 한발 물러서기까지 했다.

자신의 점진소거법이 소거법으로 오해받으며 애착육아론자나 심리학자로부터 비난받는 것에 부담을 느낀 듯하다.

재밌는 것이, 이렇게 유명한 퍼버 박사의 방법이 미국에서는 20년이 지난 후 개정판까지 나온 실정인데, 우리나라에서는 2016년 4월 현재 번역조차 안 된 채 '퍼버법'이라는 이름의 수면교육 방법만 유명세를 타고 있다는 점이다.

아기가 스스로 자는 것을 중요시하긴 해도 만 3개월 이전의 수면교육을 지지하지도 않는 그가 직접 "모든 아기에게 효과가 있는 것은 아니"라고 밝히기까지 했던 이 방법이 우리나라에서는 모든 아기에게 효과가 있는 것처럼 통용되고 있다. 퍼버법의 효과가 없는 아기를 둔 엄마는 뭔가를 잘못한 것이라는 분위기마저 형성되어 있을 정도이니 아이러니하지 않은가.

리처드 퍼버 박사의 잠재우기 방법(퍼버법)을 간략하게 요약하자면 다음과 같다.

① 모든 잠재우기 의식을 마친다.

② 아기에게 작별인사를 하고 혼자 두고 방을 나간다.

③ 첫날 : 첫 번째 3분 기다렸다 달래기, 두 번째 5분 기다렸다 달래기, 세 번째 10분 기다렸다 달래기, 이후부터 10분 기다렸다 달래기.

④ 둘째 날 : 첫 번째 5분 기다렸다 달래기, 두 번째 10분 기다렸다 달래기, 세 번째 12분 기다렸다 달래기, 이후부터 12분 기다

렸다 달래기.

⑤ 셋째 날 : 첫 번째 10분 기다렸다 달래기, 두 번째 12분 기다렸다 달래기, 세 번째 15분 기다렸다 달래기, 이후부터 15분 기다렸다 달래기.

1980년 리처드 퍼버 박사가 이 방법을 제안하기 전까지만 해도 아기 잠버릇 고치기 방법은 3분, 5분, 10분이 아니라 무작정 울리는 방법이 고작이었다. 그런데 퍼버 박사의 잠재우기법은 '무작정'보다는 훨씬 유순한 방법임에도 30년이 훌쩍 지난 시점이어서인지 비판을 많이 받고 있다.

지난 2011년 〈EBS 다큐프라임〉의 '잠' 편 중 '1편 : 인생의 첫 잠' 제작에 참여했었는데, 그때 제작진으로부터 리처드 퍼버 박사에게 인터뷰를 요청했으나 거절당했다고 들었다. 제작진에 의하면 퍼버 박사가 자신에게 쏟아지는 비난에 대한 부담감으로 모든 인터뷰를 거절하고 있는 중인 것 같다는 것이었다. 그만큼 퍼버법에 대한 비난이 적지 않았다는 얘기다.

이 퍼버법을 아기의 놀이나 수유시간 등의 아기 하루 일과와 연관시켜 만든 사람들도 있다. 영국의 유명 슈퍼 내니 지나 포드나 전 세계적인 부모 모임인 베이비와이즈(Baby Wise)가 그 사례다. 지나 포드의 경우 몇 년 전 영국의 한 육아 사이트 회원 간에 찬반 토론이 심하게 벌어진 바 있고, 명예훼손으로 그 사이트를 고소하려 했던 일도 있었다. 그러나 그녀는 여전히 영국 엄마를 비롯해 전 세계적으로 많은 사랑을 받는 내니로 평가될 만큼 그녀의 방법이 효과가 있는 것도 사실이다.

변형 퍼버법

오리지널 퍼버법의 변형 방법 가운데 대표적인 것 두 가지가 있는데, 하나는 미국 국립수면재단(National Sleep Foundation)에서 아기 수면 연구에 적극적으로 활동하고 있는 조디 민델(Jodi A. Mindel) 박사의 방법이다. 이것은 퍼버법처럼 아기를 혼자 3분, 5분, 10분을 정해놓고 울게 하는 것이 아니라 <u>엄마가 견딜 수 있는 시간만큼만</u> 아기가 혼자 울게 하는 방법이다.

또 다른 하나는 호주의 사랑받는 내니인 쉐인 롤리의 방법으로, 아기의 울음소리를 들어보아 소리가 점차 잦아들면 그대로 잠들도록 두고 점차 커지며 스트레스 받는 울음이 되면 가서 충분히 달래주는 것을 반복하는 것이다. 쉐인 롤리는 아기 울음의 의미 파악을 굉장히 중요하게 여기는 사람 중 하나이고, 아기의 수면 문제는 단순히 잠만 연관된 문제가 아니라 아기의 일정이 얼마나 적합한지, 아기와의 의사소통은 얼마나 잘되는지 등의 전반적인 삶의 문제라고 본다. 그래서 수면교육 이전에 일정, 수유, 이유식, 의사소통 방식을 적어도 3주 동안 먼저 체크할 것을 권장하고 있다.

수면교육 자체에 대해서도 찬반이 뚜렷한데, 수면교육을 찬성하는 사람 중에서도 지금껏 말한 세 가지 수면교육법인 혼자 울려 재우기와 점진소거법(오리지널 퍼버법, 변형 퍼버법)처럼 아기가 스트레스를 받을 때 '혼자' 오랫동안 울게 하는 것에 대한 논쟁 또한 뜨겁다.

아직 분리불안을 겪지 않은 갓난아기에게는 엄마가 눈에 보이지 않는 것은 엄마가 없는 것과 같아서, 아기가 혼자 울 때와 아기가 울더라도 엄마가 옆에 있을 때의 울음은 질적으로 다르다고 본다. 그래서 대상영속성이 미흡한 갓난아기를 수면교육 할 때는 엄마가 옆에 꼭 있어줘야 하며, 엄마가 옆에 있다 해도 원하는 것은 줄 수 없다고 한계를 정해주는 방법들이 나오게 된 것이다.

혼자 울게 하는 수면교육에 대한 비난의 소지 – 대상영속성

대상영속성이란 특정 대상이 지금 당장 느껴지지 않아도(즉 눈에 보이지 않아도, 귀에 들리지 않아도) 그 존재는 계속 존재하고 있다는 의미로, 피아제가 주장했던 심리학 용어 중 하나다. 아기가 대상영속성을 인지하는 데 있어 아기의 첫해 동안 다음의 네 단계의

　　　　　　　　　　　　느림보 수면교육

발달이 진행된다고 주장한다.

① 0~1개월 | 반사사용 단계

이 단계에서 아기는 사라진 물체에 대해 어떤 반응도 보이지 않는다. 신생아는 엄마의 얼굴이 보이면 눈을 똑바로 들여다보려는 등 주의를 기울이지만, 보이지 않으면 그 얼굴을 다시 찾지 않는다. 빨기 등의 반사적인 행동을 주로 하는 시기다.

② 만 1~4개월 | 1차적 순환반응 단계

반사사용 단계에 비하면 발달된 행동을 보여준다. 예를 들면, 아기에게 공을 보여주며 좌우로 천천히 움직이면 아기는 그 공을 보기 위해 좌우로 움직이는 행동을 하게 되는데, 공을 너무 빨리 움직여 공이 아기의 시선에서 벗어나면 그 공을 찾으려는 듯 시선을 놓친 그 위치를 '잠깐' 응시하다가 곧바로 흥미를 잃고 만다. 입 근처에 우연히 닿은 손을 빨기반사 때문에 빨기 시작했는데, 빨고 보니 기분이 좋아져서 다음에도 손을 빨려고 노력하는 식의 1차적 반응을 보이는 시기다.

③ 만 4~10개월 | 2차적 순환반응 단계

이전의 단계보다 물체의 다양한 존재방식을 인지한다. 아기가 가지고 놀던 장난감을 이불 밑에 숨겨버리면 아기는 어리둥절해할 뿐 장난감을 이불 밑에서 찾으려는 시도는 하지 않는다. 하지만 그 장난감을 절반 정도만 이불 밑에 숨겨놓으면 장난감을 찾으려는 시도를 한다. 장난감을 떨어뜨려도 장난감이 떨어진 그 위치를 가만히 응시하고 있는 것이 아니라 장난감이 떨어질 위치를 예측해서 응시하기도 할 만큼 인지가 발달한다. 하지만 아직 이 월령에서 대상영속성이 완전히 발달하지는 않는다.

④ 만 10~12개월 | 2차 순환반응 협응 단계

장난감을 이불 속에 숨겨도 이불을 들추며 장난감을 찾으려는 시도를 한다. 드디어 장난감, 즉 대상이 눈에 보이지 않아도 그 대상은 어딘가에 여전히 존재한다는 인식을 획득한 것이다.

이 네 단계를 지나고도 아기들의 대상연속성은 1년 동안 더 정교해진다. 물론 세상의 어떤 이론과 마찬가지로, 피아제의 이 이론 역시 비판을 면하지는 못하고 있다. 주로 어린 아기에게 이런 개념을 어떻게 테스트해볼 것이냐 하는 비판과 다른 방법으로 했더니 더 어린 연령에서도 대상영속성을 가지고 있더라, 하는 식의 비판이다. 그럼에도 아주 어린 아기의 경우 사물(대상)에 대한 존재 개념이 성인과 다르다는 사실은 부인할 수 없을 것이다.

함께 있어주되 ○○해주지 않기

우리나라에는 〈슈퍼 내니 911〉 방송과 《베이비 위스퍼》를 통해 베이비 슬립 트레이너(또는 슬립 코치)라는 직업이 소개되었지만, 서구에서는 훨씬 오래전부터 베이비 슬립 트레이너가 많았다. 앞서 언급한 지나 포드나 쉐인 롤리와 같이 아예 아기를 혼자 두게 하는 방법을 사용하는 슬립 트레이너뿐만 아니라, 구체적인 방법은 달라도 아기와 함께 있어주면서 '평소 해주던 수면연상을 해주지 않기(젖 물리지 않기, 안아주지 않기, 업어주지 않기)' 방법을 쓰는 슬립 트레이너도 많아졌다.

• 킴 웨스트의 수면재정비법 •

킴 웨스트(Kim West)는 슬립 트레이너 중 한 명으로, 만 4~6개월 이전 아기에게 하는 집중적인 수면교육을 반대한다. 그리고 6~8주 이상의 아기라면 속싸개, 공갈젖꼭지, 백색잡음 등을 활용한 수면 환경 조성과 아기가 완전히 잠들기 전에 침대에 눕히는 시도까지만 할 것을 조언한다.

그녀의 방법은 6개월경부터 사용하기를 권장하고 있다. 보통 '의자요법'이라고 하는데, 수면의식을 마치고 아기가 잠들지 않은 상태에서 침대에 눕힌 다음 엄마는 침대 바로 옆에 둔 의자에 앉아 아기를 달랜다. 처음에는 아기 바로 옆에서 아기를 안지 않은 채로 달래다가 점차 적응이 되면 의자를 아기 침대에서 조금씩 멀리 놔두며 아기 방 밖으로 나오는 것이다. 아기가 혼자 잠들게 되는 데 2주 정도의 시간이 소요된다고 보고 있다.

• 트레이시 호그의 쉬잇－토닥이기(쉬닥) 또는 안고 눕히기(안눕) •

우리나라에 가장 먼저 수면교육법이 소개된 책으로《베이비 위스퍼》를 꼽을 수 있다. 이 책이 점차 유명세를 타면서 그녀의 방법은 우리말로 '쉬닥'과 '안눕'으로 축약되어 불리고 있다.

내 생각에 그녀만큼 아기의 잠 오는 신호를 잘 서술한 사람은 없는 것 같다. 그 정도로 그녀는 아기의 잠 오는 신호를 중요시했고, 그것을 잠 오는 1단계 신호(하품) → 2단계 신호(눈이 커지며 오히려 말똥말똥해지면서 먼 곳을 응시하는 단계) → 3단계 신호(눈을 서서히 감았다가 마치 잠을 이기려는 듯 갑자기 눈을 크게 뜨는 단계)로 나누어놓았다.

또한 그녀가 강조하는 것 중 하나가 4S 수면의식이다. 그녀는 환경 조성(Setting the Stage, 블라인드를 치거나 자장가를 트는 등 잠잘 준비를 하는 것), 속싸개(Swaddling), 앉기(Sitting), 쉬잇 소리 내주며 토닥이기(Shush and Pat)로 수면의식을 해주면 충분하다고 말했다.

그리고 그녀는 아기 일정에 중요한 것은 시간표가 아니라 일과의 반복이라고 보고 EASY, 즉 먹고(Eat) 놀고(Activity) 잠자는(Sleep) 일과를 제시하고 있다. 《베이비 위스퍼 골드》에서 아기 일정의 예를 들고 있는데 이 예시가 국내에서는 마치 모든 아기가 따라해야 하는 일정처럼 여겨지기도 한다. 마치 이 일정만 정답인 것처럼 간주되어 스트레스 받는 엄마도 덩달아 많아지고 있는 건 슬픈 일이다.

그녀의 방법을 요약하면 다음과 같다.

① 4S 수면의식을 한다.

② 아기를 어깨 위로 안아든다.

③ 아기 귀 뒤쪽으로 크고 천천히 '쉬잇~' 소리를 내면서 아기 등 한가운데를 천천히 토닥인다.

④ 아기의 울음이 점차 잦아든다 싶으면 '쉬잇~' 소리는 그대로 내면서 아기를 잠자리에 내려놓는다. 아기를 내려놓을 때 아기 등을 토닥이기 쉽도록 약간 옆으로 눕힌다.

⑤ 아기를 눕힌 채로 토닥이다가 도저히 달랠 수 없을 때 다시 아기를 안아든다.

⑥ ②~④의 과정을 반복한다. 잠이 들었더라도 깊은 잠에 들 때까지(대략 20분 소요) 지켜본다.

3개월 이전 아기는 쉬잇-토닥이기(쉬닥)로 아기를 충분히 달래는 것에만 주의하는 반면, 4개월이 지나가면 안고 눕히기(안눕)로 아기를 한 번 안아들 때 3~4분 이상 안고 있지 않아야 한다.

아기를 혼자 두지 않는다는 면에서 혼자 울리기 방법과 차별성을 주장하기는 하지만, 책에서조차 불과 몇 주밖에 안 된 아기를 120회 안눕을 했다고 하는 걸 보면 결국 아기가 많이 우는 것은 피할 수 없는 수면교육 방법이다.

자, 여기까지가 수면교육의 당위성을 주장하는 전문가들의 견해다. '꼭 그렇게 주장하지는 않지만 읽다 보면 이렇게 하라고 강조하듯 느껴지는' 슬립 트레이너들의 이야기인 셈이다.

그리고 이다음부터 소개할 수면교육 전문가들은 실상 수면교육 전문가는 아니다. 육아분야 전문가로 일하다 보니 고객들이 자주 묻는 '아기 수면'에 대해 많이 알게 된 이들이다. 그래서 이들은 '반드시'라든가 '내가 하라는 대로 하면' 하는 식의 조언을 하지 않는다. 수면교육만 중요하게 생각하지도 않기 때문에 이것저것 다양하게 고려해보고 아기 수면 문제에만 너무 집중하지는 말라고 말한다. 그래서 수면교육 시기도 이른 시기에는 하지 말라고 조언한다.

방법상에서도, 자신들의 조언을 따라 하더라도 엄마아빠가 너무 어렵게 느껴지면 언제든지 예전 방법으로 돌아갔다가 마음의 준비가 되면 다시 시도해보라고 권한다. 그래서 엄마아빠에게 '비일관성'을 가르치고 있다는 비난도 받는다. 물론 집중 수면교육을 주장하는 사람들이 말하는 '3일의 기적'에서 3일이라는 시간의 일관성만 보자면 비일관성을 가르치는 듯 보일 수도 있다. 그런데 육아가 그 3일로 끝나던가?! 대다수의 육아 문제들은 3일의 기적을 보이는 일이 거의 없다.

이들은 3일이 아니라 3개월, 1년 등 장기간을 두고 일관성을 가지는 것을 더 중요하게 본다. 3일간 이걸 했다가 잘 안 되어 그 방법을 그만두었다고 해서 3개월, 1년 후의 목표를 저버리는 게 아니고 다시 시도해볼 여지를 남겨두는 것뿐이다.

느림보 수면교육

애착육아와 임기응변식 육아, 그 오묘한 갈림길

한 블로그 이웃이 물었다. 수면교육을 안 하면 애착육아를 가장한 임기응변식 육아라고 하는데, 맞는 말이냐고. 나 역시 누구에게도 물어본 적은 없지만 스스로 이런 갈등을 많이 했었고, 다른 동료나 후배맘들도 이런 고민을 많이 할 것으로 생각한다.

그럴 수도 있다! 수면교육을 안 하면 애착육아를 가장한 임기응변식 육아일 수 있다. 나는 애착육아론자는 아니라서 이런 답변을 할 처지는 아니지만, 우리나라에 애착육아그룹이 없으니 내가 답변을 한다 해도 어쩔 수 없으리라.

국제애착육아그룹(http://www.attachmentparenting.org)에서는 여덟 가지 애착육아 원칙을 내세우고 있다. 그 원칙 중에 '신체적으로나 정서적으로 안전한 수면을 보장한다'는 제5원칙도 있지만, '개인과 가족 간의 삶의 균형을 위해 노력한다'는 제8원칙도 있으니, 아기가 잠을 자주 깨서 신체적으로 힘든 게 보이는 상황이라면 어쨌든 애착육아의 제5원칙에 어긋나는 것이고, 아기가 자주 깨서 힘들어진 엄마와 가족의 삶도 균형이 잡히지 않는다면 애착육아의 제8원칙에도 어긋나는 것이니, 수면교육을 안 하면 애착육아를 가장한 임기응변식 육아가 될 수도 있는 셈이다.

국제애착육아그룹에서도 여덟 가지 원칙 중에서 가장 질문이 많은 분야가 '아기 잠'과 관련된 이 다섯 번째 원칙인데 그 질문 중 하나를 일부 소개해볼까 한다. 이 내용이 수면교육에 대한 국제애착육아그룹의 의견을 가장 잘 피력한 게 아닐까 싶기 때문이다.

"6개월 된 우리 아기는 혼자 잠을 못 자요. 젖을 먹어야 자거나 안아줘야 자거든요. 가족들이 이젠 혼자 진정하고 자는 법을 배워야 할 때라고 하는데, 저는 어찌해야 할지 확신이 안 서네요"라는 질문에 대한 답변을 한마디로 요약하면 다음과 같다.

"6개월의 아기는 아직 부모의 도움을 받아야 잘 수 있는 게 당연합니다. 점점 줄어들 거예요."

그러면서 신체뿐만 아니라 정서적으로도 안전한, 느릿느릿하더라도 온화한, (바로 다음에 소개할) 엘리자베스 팬틀리의 수면교육이나 제이 고든의 수면교육, 핑키 맥케이의 수면교육 등을 추천한다. 그렇지만 이 답변 글 중 가장 마음에 드는 것은 마지막 부분이다.

"우리는 독립심에 큰 의미를 부여하는 사회에 살고 있어요. 이는 성인에게는 괜찮을지 몰라도 아기에게는 그렇게 괜찮은 것이 아닙니다. 생물학적으로 준비되기도 전에 우리는 아기와 어린아이들이 좀 더 독립적이기를 기대합니다. 또한 아이들이 아직 작은 아기일 때조차 독립성을 키워줘야 한다며 부모에게도 압박감을 주고 있지요. 아마 지금 느끼는 감정이 가족으로부터 느끼는 압박감일 거예요."

'다른 아기가 벌써 통잠을 잔다니까 우리 아기도 할 수 있어!'라는 무작정의 긍정철학이나 남들이 하라니까 그 압박감에 하는 수면교육에 휩쓸리지 말라는 것이다. 애착육아그룹에서 이야기하는 것처럼 생후 6개월 동안은 아직 엄마의 도움이 많이 필요한 때이긴 하다. 하지만 필요하다면, '내 아기가 신체적으로 힘들고 정서적으로 힘드니까' 하는 수면교육, 그리고 '엄마도 가족의 일원인데, 엄마 삶의 균형 찾기가 힘드니까' 하는 수면교육, 또 신체적으로도 안전하고 정서적으로도 안전한 수면교육을 했으면 좋겠다.

차마 수면교육을 못하거나 수면교육은 했지만 효과가 없어 여전히 임기응변 중인 후배맘들이 가슴 저리게 했던 자책들에서 벗어나길 바란다. 애착육아 지지자들은 수면교육 지지자들이 임기응변이라 지적했던 일들을 문제로 여기지 않는다. 훗날 그 습관을 깨뜨려야 한다 하더라도 그걸 임기응변이라고 생각하지 않는다. 훗날 제대로 수면교육을 하게 되더라도 그 목표를 위해 오늘도 조금 노력하고 내일도 조금 노력하는 것을 잊지 않으면 충분하다고 말한다.

안아주거나 젖을 물려야만 잠을 잔다 해도 너무 걱정하지 않아도 된다. 일관성이 중요하다 하더라도, 목표를 향해 가고 싶더라도, 감이 잡힐 때까지는 수도 없는 시도를 해야 한다. 아기를 잘 재우는 일뿐 아니라 그 어떤 일도 마찬가지다. 그러니 너무 자책하지 않아도 된다.

혼자만 겪는 일이 아니다. 말을 못해서 그렇지, 지금도 똑같이 겪고 있는 이들이 많다. 이것도 지나간다. 시간은 가고 아기는 자란다.

• 제이 고든 박사의 다단계 수면교육법 •

소아과의사인 제이 고든(Jay Gordon) 박사는 돌 이전의 집중적인 수면교육을 반대하는 사람이다.

"나는 아기의 첫해에 강제로 수면패턴을 바꾸는 것을 권유하지 않는다. 수유 중인 엄마의 건강에 관련된 응급상황일 때만 유일하게 예외로 두고 싶다. 아기의 첫해, 심지어 이른 월령에 '통잠'을 자게 하기 위한 수면교육법이 책이나 잡지에 다양하게 소개되어 있다. 나는 이런 것들이 최상의 조언은 아니라고 생각하며, 부모가 '응답'하지 않는 시기가 이르면 이를수록 아기 또한 조금이라도 마음을 닫아버릴 가능성이 더 크다고 확신한다."

그의 방법은 3단계로 구성되어 있다. 각 단계별로 3일씩 진행되어 대략 10일간의 과정으로 본다. 각 단계 중에 마음이 불편하고 힘들다 싶으면 언제든지 중단하고 다음 기회에 다시 하라고 강조한다.

느림보 수면교육

① 0단계 | 아기가 이때만큼은 안 깨고 잤으면 하는 7시간을 먼저 정한다. 고든 박사는 밤 11시에서 새벽 6시를 추천한다.

② 1단계(첫 3일) | 취침 후 밤 11시 이전에는 아기가 깨더라도 수유해서 다시 재운다. 새벽 6시 이후에도 수유해서 다시 재울 수 있다. 밤 11시부터 새벽 6시 사이에는 수유를 하더라도 짧게 하고 수유하면서 잠들지는 않도록 쓰다듬어주거나 토닥여준다. 아기가 너무 울어서 더 이상 못하겠다 싶으면 그만해도 좋다. 다음 기회에 시도하면 된다.

③ 2단계(다음 3일) | 밤 11시 이전과 새벽 6시 이후에는 수유해서 재울 수 있다. 그러나 밤 11시부터 새벽 6시 사이에는 아기가 깨면 안아주고 쓰다듬고 토닥이기는 해도 수유는 하지 않는다. 달래주고 나서도 아기가 깨어 있는 상태로 눕힌다. 10분 동안 울다 자는 수월한 아기가 있는가 하면 1시간 넘게 울다 자는 아기도 있다.

④ 3단계(다음 4일 + α) | 밤 11시 이전과 새벽 6시 이후에는 수유해서 재울 수 있다. 밤 11시부터 새벽 6시 사이에는 아기가 깨도 수유하지 않고 안아주지도 않는다. 토닥이거나 쓰다듬으면서 달래준다.

고든 박사는 이 방법을 돌 이후에나 쓰라고 권하지만 더 일찌감치 수면교육 하려는 의지가 있다면, 다른 방법보다는 유순한 방법이니 돌 이전에 써도 좋을 듯하다.

엘리자베스 팬틀리와 (뒤에서 소개할) 윌리엄 시어스(William Sears) 박사는, 애착육아의 대표라 할 수 있을 만큼 애착육아를 지지한다. 그래서 수면교육에 있어서도 아기를 혼자 울리는 방법을 거부할 뿐 아니라, 같이 있어주는 수면교육법이라도 아기가 너무 울거나 엄마가 그 방법에 불편함이 느껴지거든 언제든 중단하고 다음에 다시 시도하라고 한다.

그녀의 완만제거법은 제이 고든 박사의 다단계 수면교육과 유사하게 단계별로 엄마가 마음이 편한 시점에 다음 단계로 넘어가는 방법이고, 킴 웨스트의 수면재정비법처럼 처음엔 아기 가까이 있다가 점차 멀어지는 방법이다.

① 1단계(아기가 거의 잠들 때까지 진정시키기) | 아기가 깨면 아기를 안고 의자에 앉아 수유를 한다. 수유 속도가 느려지면 아기가 점차 잠이 드는데 이때 수유를 중단하고 아기를 안은 채 서서 움직여주다가 아기를 안고 움직이는 채로 침대에 눕혀본다. 아기가 울지 않으면 손을 빼고 잠들 때까지 토닥여주면서 특정 키워드("이제 코~ 자자" 등)를 반복한다. 아기가 울면 다시 안고 진정되면 이 과정을 반복한다.

② 2단계(아기가 잠 오기 충분할 만큼 진정시키기) | 아기가 깨면 아기를 안고 의자에 앉아 수유를 하다가 수유 속도가 느려지고 진정되기 시작하면, 1단계에서와 마찬가지로 안고 움직이는 채로

침대에 눕히되 아기가 운다고 다시 안아주는 것은 자제하고 잠 들 때까지 토닥여주며 특정 키워드를 반복한다. 이 단계에서 아기가 너무 울거나 엄마가 힘들면 다시 1단계로 돌아가도 된다.

③ 3단계(아기를 안지 않은 채 진정시키기) | 아기가 깨면 아기를 침대에 그대로 둔 채 끌어안고 토닥이거나 쓰다듬어주면서 특정 키워드를 반복한다. 아기가 너무 울거나 엄마가 힘들면 2단계로 돌아가도 좋다.

④ 4단계(토닥여서 진정시키기) | 아기가 깨면 침대 옆에서 토닥이거나 쓰다듬어주면서 특정 키워드를 반복한다. 아기가 너무 울거나 엄마가 힘들면 3단계로 돌아가도 좋다.

⑤ 5단계(키워드로 진정시키기) | 아기가 깨면 아기 침대 옆에서 특정 키워드를 반복한다. 아기가 너무 울거나 엄마가 힘들면 4단계로 돌아가도 좋다.

⑥ 6단계(방 밖 또는 아기가 볼 수 없는 곳에서 키워드로 진정시키기) | 드디어 아기를 볼 수 없는 곳에서 키워드를 반복하며 아기를 달래준다.

모유수유를 하는 아기는 처음에는 젖을 문 채로 잠들지 않게 하는 것으로 시작한다. 수유 속도가 느려지면 젖을 빼고 하나, 둘, 셋 숫자를 천천히 세어나간다. 아기가 울면 다시 젖을 입에 물려주었다가, 다시 수유 속도가 느려지면 젖을 빼고 하나, 둘, 셋을 천천히 세고……. 이 과정을 반복하면서 젖을 뺀 채 기다리는 시간을 점차 늘려가는 것이다. 이런 식으로 열흘 정도 하자 잠을 못 자던 48%의 아기가 통잠을 자기 시작했다고 한다. 느린 수면교육법이라 해도 효과는 있는 것이다.

• 핑키 맥케이의 수면연상 깨뜨리기 수면교육법 •

핑키 맥케이(Pinky Mckay)의 수면교육법은 새로운 신호를 심는 다는 점이 특이하다. 예를 들어 이제까지 꾹 참아오던 것을 갑자기 "나 이제 도저히 이거 못해" 하고 그만둔다면 상대방이 어른이라 도 어리둥절하고 어이없는 일이다. 그 전에 어떤 조짐이 보였다면 마음의 준비라도 할 수 있었을 것이다. 아기는 말이나 행동을 이해 하는 게 어려우니 새로운 신호를 심는 것이다. 이때 새로운 신호는 아기에게 가장 먼저 생기는 감각인 청각을 이용한다. (핑키 맥케이는 자장가 등의 음악을 예로 들었지만 호주의 베이비 위스퍼러 쉐인 롤리는 백색잡음을 새로운 신호로 심는다.)

'새로운 신호를 만든다'라고 하지 않고 '심는다'라고 표현한 이 유는, 기존의 방식에 끼워넣는 것이기 때문이다. 조짐을 보여주는 것이다. 즉 아기가 졸려할 때 젖을 물리되 새로운 신호인 자장가를 함께 틀어준다. 아무리 아이에게 좋다는 모차르트의 음악일지라도 아기가 새로운 것에 적응하는 시간은 필요하니, 일주일에서 열흘 정도는 젖 물리기와 자장가 틀어주기를 함께 한다.

그다음 단계로 음악은 그대로 틀어놓고 젖도 처음엔 먹였다가 잠들기 전에 젖을 빼고 안고만 있다. 아기가 짜증을 내면 다시 젖을 물려줄 수 있다. 다음에 다시 시도하는 것이다. (젖이나 공갈젖꼭지를 빼고서 턱 밑을 손가락으로 눌러 아기가 입을 다문 채로 있게 해주면 아기가 자기 혀를 빨면서 진정한다.)

마지막으로는 음악을 틀고 수유를 하다가 젖을 빼고 안은 채로 잠들기 시작하면, 이젠 바닥에 내려놓을 용기를 낼 차례다. 아기를 내려놓을 때는, 토닥이는 게 너무 자극적이므로 그것보다는 아기 가슴 위에 손을 가져다놓는 게 더 낫다(핑키 맥케이의 의견)고 한다.

핑키 맥케이의 수면교육법을 정리해보면 다음과 같다.

① 1단계 | 새로운 신호를 심는다.
② 2단계 | 잠들기 직전에 젖을 빼고 잠들 때까지 꼭 안고만 있는다.
③ 3단계 | 이젠 바닥에 내려놓고 재워볼 차례!

이런 식의 느림보 수면교육을 하는 것이다. 다음 단계로 넘어갈 때의 소요예정일은 없으니 엄마와 아기가 적응하는 속도만큼만 하면 된다.

함께 자기

아기의 잠버릇을 고치는 수면교육 방법이라고는 할 수 없다. 그저 아기도 엄마도 잘 자려는 방법일 뿐이다. 서양에서는 아기와 함께 한 방에서 잔다는 것이 낯선 문화인데, 모유수유를 권장하는 그룹이 먼저 아기와 함께 자는 것을 권장하기 시작하다가 서른 권 이상의 육아 서적을 저술하고 대를 이어 소아과의사를 하고 있는 윌리엄 시어스 박사가 모유수유 및 함께 자기를 권장하면서 미국에서도 아기와 함께 자는 것이 점차 자연스러워지고 있다. 미국에서도 아기랑 함께 자본 경험이 50%에 가까워지고 있고 계속해서 함께 잔다는 비율도 지난 10년 동안 두 배 이상 늘었다.

한국 정서로는 아이랑 함께 자는 게 일반적인 경우인지라 함께 자는 것이 아기 수면 문제의 해법이 되지 않는다는 것은 잘 알고 있다. 엘리자베스 팬틀리와 윌리엄 시어스 박사의 책도 아기 관점에서 쓰여 있어서 부모가 아기 잠 문제를 이해하고 넘어가거나 수면교육 시기를 좀 더 기다려보기로 결정하게 하는 데 목적을 두었다 해도 과언이 아니다. 그래서 견딜 수 없을 정도로 잠투정이 심한 아기를 둔 엄마에게는 별로 도움이 되지 않을 수도 있다.

글의 취지가 그렇기 때문에, 이 두 저자의 잠버릇 고치기 방법은 아기를 울리지 않고 잠버릇을 고칠 수 있는 것처럼 보인다. 하지만 직접 실행해보면, 아기가 전혀 울지 않게 할 수는 없다. 결국 트레이시 호그나 킴 웨스트의 방법처럼 아기와 '함께 있어주되 ○○ 해주지 않기'(243p)와 비슷해진다. 그럼에도 트레이시 호그나 킴 웨스트의 방법보다 긍정적인 평가를 받는 이유는 훨씬 긴 기간을 두고 '함께 있어주되 ○○해주지 않는' 방법을 제안하기 때문이다.

이제껏 여러 수면교육 방법을 알아봤다. 방법도 다양하고 수면 교육 시기도 참 다양하며 모두 저마다 효과가 있다. 혼자 울려 재우는 방법도 효과가 있고 엘리자베스 팬틀리의 완만제거법도 효과가 있다. 어느 한 방법이 우세하다거나 어느 한 방법만이 효과 있는 것이 아니다. 다만, 그 어떤 방법이라도 누구에게는 맞지 않고 누구에는 잘 맞을 수 있는 것일 뿐이다.

결국 이러한 다양한 수면교육 방법 중에 엄마가 가장 마음 편한 방법을 골라 엄마와 아기의 상황에 맞게 나름의 수면교육 방법을 만들어가는 게 진짜 옳은 방법이다.

그런데 처음 수면교육을 시작하려 할 때는 나름의 수면교육 방법을 만들려 해도 그게 쉽지 않다. 그럴 때는 위의 방법들 중 가장 맘에 드는 하나를 골라 '그대로' 먼저 시도해보면 된다. 딱 한 번만 시도해봐도 '나름'의 방법을 만들 수 있을 것이다. 어떤 방법이 가장 좋은 방법인지 고민하느라 이러지도 저러지도 못하는 것보다 마음먹었으면 그중 하나를 골라 시도해보고 방법을 수정해나가는 것이 좋다.

3

나눠 하는 수면교육

이제는 때가 되었다 생각하고 수면교육을 해보기로 마음먹더라도 2~3주에 걸쳐 다음과 같이 수면 흐름을 잡아주는 노력을 먼저 해두면 수면교육이 훨씬 수월해진다. 아기 혼자 울리는 수면교육법을 선택했다 해도 말이다. 어느 날 갑자기 모든 것을 바꾸는 수면교육이 아니라는 의미에서, 나는 이를 '나눠 하는 수면교육'이라 부른다.

낮은 낮처럼 밝게, 밤은 밤처럼 어둡게, 그리고 비타민 D
생체리듬을 조절하는 것은 빛과 어둠이다. 특히나 취침시간을 앞당기기 위해서는 아침에 햇빛을 보여주는 게 좋다. 날씨가 좋지 않더라도 외출을 하면 집 안에 있을 때보다 햇빛을 더 많이 접할 수 있다고 하니, 산책을 자주 해주면 아기가 생체리듬을 제대로 형성 하는 데 도움이 된다.

충분한 햇빛을 쏘이고 나면 음식으로 섭취할 수 없는 비타민 D 가 형성되는데, 이 비타민 D가 생체리듬을 조절하는 데 쓰이는 호 르몬이자 비타민 중 하나다. 지난 10년간 미소아과학회의 권고 가 운데 바뀐 것 중 하나가 바로 이 비타민 D 섭취에 관한 것이다. 지 금은 모유를 먹는 아기의 경우 비타민 D는 따로 섭취하게 해주는 게 좋다고 권고한다(엄마도 함께 섭취하면 더 좋다). 비타민 D는 생체리 듬을 조절할 뿐 아니라, 아토피 등에도 좋다고 하니 챙겨 먹일 수 있으면 좋다.

햇빛만 중요한 것이 아니다. 어두워지면 어둡게 하는 것도 중요 하다. 대부분의 수면 전문가들이 과거에 비해 불면증 등 수면장애 를 많이 겪는 이유로 전기가 햇빛을 대신하고 있기 때문이라고 지 적하고 있다. 그러므로 밤이 되면 집 안 조명의 밝기를 조절하는 게 좋다. 밤에 조명이 필요하면 형광등처럼 백색 조명보다는 황색 조 명이 수면패턴 조절에 더 효과적이다. 특히 여름이 되면 일찍 깨어 나는 아기들이 많은데 집에 암막커튼을 쳐주면 더 늦게 일어날 확 률이 높아진다.

아기의 잠 오는 신호 파악

아기마다 잠 오는 신호가 다르다. 백일 이전의 아기의 경우, 잠 오는 신호를 잘 파악하면 잠투정이 훨씬 줄어든다. 잠 오는 신호는 잠깐 왔다가 가버리기 때문에, 잠 오는 신호가 왔을 때 서둘러 재워야 한다. 잠 오는 신호를 놓치게 되면 아기는 잠깐 동안은 더 활발한 듯하다가 갑자기 짜증을 더 심하게 내고 자지러지게 울다가 잠을 자게 된다.

월령에 따라서는(특히 2~3개월이 지난 후부터는) 아기 잠 오는 신호가 배고픈 신호나 지루한 신호와 비슷해져서 구별하기가 더 어려워지기도 하지만, 평소 잠투정이 심했던 아기라면 잠 오는 신호 파악은 아주 중요하다. 6개월 이후부터는 깨어 있는 중간중간에 혈당이 잠깐 떨어져 간식이 필요한 시간이 있으니 졸린 신호가 보이는 듯해도 낮잠 시간이 아니다 싶으면 일단 탄수화물 중심의 간식을 먼저 줘보는 것이 좋다.

수면의식 만들기

아기 잠 오는 신호가 아기가 엄마에게 보내는 것이라고 한다면, 수면의식은 엄마가 "너 이제 졸린 시간이다"라며 시계 역할을 해주기 위해 아기에게 보내는 신호이다. 수면의식은 여러 가지의 신체 이완 활동을 묶어 잠자기 전에 미리 해주는 것이다. 자다 깼을 때 다시 잠들게 하는 의식과 기상 의식도 도움이 된다.

아기가 잠든 직후, 잠깐 깨웠다 재우기

아직 수면교육을 본격적으로 시작하지 않았으니, 아기가 엄마 젖을 먹다가 잠들든, 엄마 품에 안겨 잠들든 상관없다. 아기가 막 잠이 들었다 싶으면 살짝 깨워주면 된다. 이때는 다른 때에 비해서 깨더라도 비교적 다시 잠들기 쉬운 때다. 깨서 우는 것에 대한 각오를 하고 잠깐 깨웠다 재워본다. 얕은 잠에서 잠깐 깬 각성상태일 때 다시 잠드는 연습을 하는 것이다.

헛울음 기다리기

아기가 자다가 깼을 때, 잠깐 기다려준다. 3~8분 정도가 잠깐의 각성상태라 보긴 하지만, 길면 15~20분 정도 헛울음이 지속되기도 한다. 15~20분 기다릴 자신이 없다는 거, 이해한다. 처음엔 30초만으로도 충분하고 수면교육을 본격적으로 시작할 2~3주 동안 점차 헛울음을 견디는 시간을 늘려가면 된다.

깨워 재우기

비슷한 시간대에 늘 깨는 아기는 그 시간대 30분에서 1시간 전에 살짝 깨웠다가 다시 재우면 그 시간대에 깨는 것이 없어지기도 한다. 밤에 한두 번만 깨는 것이 아니라 자주 깨는 아기는 시간을 정해서 깨우기보다 생각날 때마다 깨웠다 재워도 상관없다. 깨워 재우기 방법은 하루 이틀 시도해본다고 효과가 보이는 건 아니다. 적어도 1~2주는 시도해봐야 그 효과를 알 수 있다.

낮 동안에도 아기 혼자 놀 기회 만들기

수면교육을 하기로 결심하는 엄마들의 이유 중 하나가 "낮에도 엄마 품에만 있으려고 해요"이다. 낮에도 매번 안아줘야 하는 아기라면, 수면교육 시작 전에 적어도 하루 중 일부라도 엄마 품이 아닌 바닥에 누워 있을 기회나 놀 기회를 충분히 주면 수면교육에 도움이 된다. 아기 울음을 꼭 나쁜 것으로 여기지 말고 아기가 울어도 엄마가 꼭 해야 할 일은 마치겠다고 생각하면 된다.

의사소통의 중요성

통잠과 의사소통이 무슨 상관이냐고? 아기 통잠 재우기는 아기가 잠들기 전에 잠자리에 눕히는 방법 같은 잠과 관련된 기술을 배우는 것이라고 생각했을지도 모른다. 그러나 그 방법을 가르치는 데는 결국 의사소통이 필요하다. 별 상관없을 듯한 '아기와

느림보 수면교육

말하는 법'이 꼭 필요해진다. 의사소통의 중요성을 몇 가지 예를 통해 이야기해보자.

① 만 6주 아기를 둔 엄마와 전화 상담을 했다. 친정에서 산후조리를 끝내고 이제 집으로 돌아갈 예정인데, 아기를 늘 친정엄마가 재워줘서 집에 갈 생각을 하니 까마득하다고 전화를 해왔다. "그럼, 집으로 돌아가기 전에 한 번씩 아기를 재울 연습을……" 이라는 말이 끝나기도 전에 "안 재워본 건 아니고요, 제가 안으면 아기가 늘 울어요. 아무리 달래봐도 울음을 그치지 않아요." 이런저런 조언을 했지만, 그날따라 그런 조언이 하나도 도움이 되지 않고 겉도는 기분이었다. '오늘은 상담이 잘 안 되는 날이구나.' 그렇게 만족스럽지 않게 전화를 끊고 그날의 통화를 천천히 돌이켜봤다. 그러던 중 머릿속에 떠오른 게 하나 있었는데, 아기 엄마가 유난히 통화 중간에 한숨을 많이 쉬었다는 것이다. 통화 중에는 인지하지 못하다가 나중에야 깨달았다.

그래서 곧바로 그 엄마에게 쪽지를 썼다. 아기 엄마가 한숨을 많이 쉬는 건 알고 있냐고. 혹시 이 한숨이 상담이 시원찮아 나온 한숨이라면 몰라도 아기를 대할 때도 한숨을 많이 쉬는 것이라면, 아기도 그걸 느끼고 있을 거라고 했다. 내가 느낀 그 기분을 느끼고 있을 거라고. 어른은 그 감정이 타인에게서 나온 것이라는 걸 알지만 아기는 엄마와 자신이 아직 각각 독립된 존재라는 것도 모르는 상태이기 때문에, 아주 혼란스러운 기분을 느끼고 있을지도 모른다고 했다.

그리고 그다음 날 쪽지가 왔다. 자기가 그렇게 한숨을 많이 쉬고 있는지 전혀 몰랐다는 것이다. 그래서 그날은 한숨이 나올 것 같으면 먼저 심호흡하고 진정한 후에 아기를 안았단다. 그런데 그날 아기를 처음으로 재워봤다는 것이었다! 별것 아닌 줄 알았던 엄마의 반응이 아기에게는 큰 것인 줄 몰랐다며 고맙다고 했다.

그리고 2~3개월 후 다시 쪽지가 왔는데 이제는 자신이 아니면 아기를 재울 수 있는 사람이 없다며 자기가 너무 심호흡을 열심히 한 모양이라고 투덜대는 것이었다. 만 6주의 아기도 엄마의 표정과 몸짓을 읽는다!

② 기어다니는 아기를 둔 집이라면 100% 겪어보았을 상황이다. 설거지하는 엄마의 가랑이 붙잡고 늘어지기. '놀아요'라는 의미인데, 이때 엄마의 반응은 다음 둘 중 하나다. '설거지는 좀 미루고 바로 아기랑 논다!' 아니면 '설거지 먼저 마치고 좀 있다가 논다!' 그런데 반응이 둘 중 하나라고 해서 의사소통 방법까지 반드시 둘 중 하나인 것은 아니다. 당장 네 가지를 제시할 수 있겠다.

1번. "오호! 엄마랑 놀고 싶구나! 그래! 설거지 좀 미루지 뭐!"

하며 손 닦고 아기를 안아준 후 놀 준비를 한다.

2번. "어휴, 집 안에 할 일이 얼마나 많은데 놀자고 보채기만 하냐. 안 놀아주면 징징거릴 게 뻔하니까, 그래, 놀아준다, 놀아줘." 설거지와 마찬가지로 또 다른 집안일을 하나 한다는 심정으로 놀아줄 준비를 한다.

3번. "지금은 아니에요! 엄마가 설거지 먼저 끝내야겠어. 기다려요"라고 아기에게 명확하게 말하고 설거지를 마친다.

4번. "알았어, 알았어, 놀자, 놀아. 그래도 설거지 좀 하자. 하루 종일 놀자고만 하니?"라고 알았다고 말은 하는데, 설거지는 계속 한다.

2번과 4번, 참 익숙한 풍경일 것이다. 물론 우리 집도 그렇다. 그런데 3번처럼 거절을 할 때는 명확하게 거절해도 괜찮다. 여기에 말로만 "아니야"를 할 게 아니라 고개를 흔든다든지 하는 몸짓이 따라주면 더 명확해진다. "기다려"라는 말을 할 때도 역시 몸짓이 따라주면 더 분명해진다.

그리고 더 명확히 해야 할 것은, "아니야"라고 했으면 진짜 아니어야 한다는 것(적어도 아니야, 라고 말했으면 아닌 때가 더 많아야 한다). 호주의 유명 수면교육 전문가인 쉐인 롤리는 이처럼 '말 + 특정 사인'이 효과가 있다고 본다. 이렇게 거절하는 것과 기다리는 것도 수면교육의 상당히 중요한 기술이다. 그런 의미에서 최근 육아교실에서 유행하는 '아기 수화'도 상당한 의미가 있는 셈이다.

③ 기저귀를 가는 상황이라고 해보자. 느닷없이 기저귀를 갈기 위해 아기의 다리를 들어올린다면? 의사소통 안 하는 엄마다. 굳이 예를 기저귀 가는 것으로 드는 이유가 있다. 아기가 기어다니기 시작하면 기저귀 가는 것도 굉장히 어려워진다. 아기들은 가만히 누워 있는 걸 엄청 싫어하는데, 기저귀를 갈 땐 가만히 누워 있어야 하니 싫어하는 것이다.

기저귀 갈기 등 (아기가 싫어하지만) 중요한 일을 해야 할 때는 미리미리 말을 해줘라. 예고를 거듭하는 것이다. 단 한 번의 예고로는 부족할 수 있다. 아기가 한창 거울을 보며 놀고 있다면 "거울 보고 다 논 다음에는 기저귀 갈아야 해. 기저귀를 갈 때는 가만히 누워있는 거야. 자, 근데 지금 거울 속에는 누가 있나?" 이렇게 한 번 잠깐 예고를 하고 거울놀이가 끝났을 때에도 한 번 더 "이제 기저귀 갈 시간이네. 가만히 누워서 기저귀 갈 거야. 가만히 있자" 하면서 가만히 누워 있게 유도할 비장의 무기를 꺼내면 좀 더 수월해진다. 가령 아기 배에 부우우우 하고 바람을 분다든지 하는 동작도 좋다. 가만히 누워 있으라고 말했으면, 가만히 눕게 한다. 이게 제일 어렵다. 단번에 '가만히 누워 기저귀 갈기'가 가능할 것으로 예상하지는 않는다. 하지만 아기에게 이렇게 하

느림보 수면교육

라고 이야기한 것은, 그대로 하기를 기대하며 노력할수록 앞으로 있을 수면교육도 수월해질 것이기 때문이다.

④ 아기의 하루를 쪼개면 늘 반복되는 일상이 있다. 수면교육 전에 반드시 필요한 수면의식과 마찬가지로, 그 일상에도 늘 반복되는 의식 같은 게 있으면 아기와의 하루가 좀 더 쉬워진다. 엄마가 아기 하루의 컨트롤타워라는 기분이 더 든다고나 할까?

한 친구의 아기는 태어나자마자 분유를 먹을 때 턱받이를 해주었더니 태어난 지 3주쯤 지난 후에는 턱받이만 해줘도 분유를 먹을 기대를 하더라고 자랑했다. 만 3주 된 아기가 어떤 특정한 일을 그다음에 일어날 일의 전조라고 인식할 만하다면, 그보다 훨씬 자란 아기들은 더 복잡한 일도 예측할 수 있지 않겠나. 수유나 이유식을 하기 전에 늘 하는 일이 있으면 아기도 수유, 이유식 등을 예측하고 준비할 수 있다.

낮 동안 쌩쌩한 두뇌로 엄마아빠의 말과 행동을 짐작하기가 어렵다면, 밤중에 자다 깨 해롱해롱한 두뇌로 엄마아빠의 '너 그냥 잤으면 좋겠다'는 말과 행동을 짐작하기란 더 어려우니까요! 낮부터 말과 행동, 명확하게 해주세요 아기도 알아들어요!!

물론 쉽진 않아요. ㅠㅠ

이런 의사소통의 기술은 아기 수면교육을 할 의도가 없더라도 염두에 두면 좋다. 수면교육에 의사소통이 필요한 이유, 이제 충분히 알았으리라 생각한다.

놀기에 숨겨진 수면교육의 비결

아기가 혼자 노는 것은 엄마가 편하기 위해서만 필요한 게 아니다. 아기를 위해서도 좋다.

① 둘째 아이는 첫째 아이보다 혼자 잘 노는 경향이 있다. 왜?

이유는 무엇일까? 둘째를 낳은 엄마들은 다 알 것이다. 첫째에 비해 둘째는 엄마의 할당 시간이 적기 때문이다. 태어날 때부터 엄마의 할당 시간이 첫째에 비해 반밖에 안 된다. 엄마가 바쁘면 아기도 처음엔 징징대다가 결국 자기 스스로 놀잇거리를 찾는다는 이야기다.

첫째를 돌보느라 바쁘든, 설거지를 하느라 바쁘든, 청소를 하느라 바쁘든, 아기도 엄마 바쁜 걸 눈치챈다는 의미다.

"아기가 절대 혼자 안 놀아요"라고 불평하기 전에, 아기에게 혼자 놀 기회를 줘보라. 어떻게? 기회를 주기 어려우면, 집안일로 바쁘게 움직여서라도 말이다. "아기가 혼자 안 놀아, 혼자 안 놀아" 푸념하는 대신 아기에게 스스로 놀 기회를 줘라.

이것이 놀이에 숨겨진 수면교육의 첫 번째 비결이다. 처음엔 칭얼댈 것을 알면서도 낮 동안에 아기에게 스스로 놀 기회를 줄 용기가 생긴다면 밤에도 처음엔 칭얼댈 것을 알면서도 아기에게 스스로 잘 기회를 줄 가능성 역시 높아진다.

똑같이 아기 측면에서 생각하자면, 처음엔 칭얼댔지만 낌새를 알아차리고 이제 혼자 놀아야겠다 생각하는 아기는, 밤에도 처음엔 칭얼대지만 낌새를 알아차리고 이제 혼자 누워 자야겠다 생각할 가능성이 높아진다.

② 혼자 놀기뿐만 아니라 1:1 놀이도 중요하다

방금 아기 혼자 놀기가 중요하다고 말했다. 그렇다고 지금껏 잘해오던 1:1 놀이가 중요하지 않다는 말은 물론 아니다. 다만, 이 1:1 놀이(집중놀이)는, 혼자 놀게 하기를 두려워하는 많은 엄마들에게는 굳이 강조할 필요가 없을 뿐이다. 자기 자신은 잘하고 있다고 생각해본 적이 별로 없겠지만 이미 잘하고 있으니 말이다. 물론 이미 잘하고 있다 하더라도 스페셜 1:1 놀이시간은 따로 챙기는 것이 더 좋다. 특히 직장맘에게는 강력 추천하고 싶다.

스페셜 1:1 놀이시간 이야기를 잠깐 먼저 하기로 하자. 15분이라는 시간만큼만 스마트폰 등 다른 것이 방해하지 않도록 오전 오후 두 번 정도 신경 써서 아기와 집중적으로 놀아주자. 이 시간만큼은 아이가 하고 싶은 것, 아이랑 재미있게 놀 수 있는 걸 하는 게 좋다.

어린 아기의 경우라면, 비눗방울 놀이나 블록 쌓기 놀이, 컵 쌓기 놀이, 스카프 날리기 놀이 등을 할 수 있다. 그런데 이게 말처럼 쉽지는 않다. 15분밖에 안 되는데도 그렇다. 그래도 15분을 딱 지키는 게 좋다.

왜 딱 지키는 것이 좋은가 하면, '한계'를 설정하는 것이기 때문이다. 15분 동안은 아무것도 방해하지 못하게 하되, 그 15분 이 지나면 이제 끝. 이때는 알람을 설정해 두면 좋다. 15분이 지나 엄마가 "이제 엄마 랑 놀이시간 끝났다"라고 말하면 그 소중한 15분을 끝내는 사람 이 엄마가 된다. 하지만 대신 알람이 울려서 알려주면, 그 소중한 15분을 끝내는 것이 알람이 되는 셈이다.

끝내기로 한 시간에 끝내는 것이 가장 좋다. 하지만 안 끝내면 큰 일 난다는 법은 없다. 안 끝낼 수도 있다. 그런데 이런 허용이 아 이에게 '한계 설정'을 두기 어려운 엄마들에게 핑곗거리가 되지 않기를 진심으로 바란다.

그렇다. 안 끝내도 괜찮다. 하지만 안 끝내면, 스페셜 1:1 놀이시 간으로서의 효과는 누릴 수 있다 하더라도 수면교육 할 때 필요 한 '한계 설정'을 놀이 속에서 연습하는 효과는 상실하게 된다.

느림보 수면교육

그 점만은 염두에 두고 15분을 지킬지 안 지킬지 엄마 스스로 결정하면 된다.

③ 역할놀이를 이용해 수면교육을 연습할 수 있다

쉐인 롤리가 6개월이 지난 아기를 대상으로 수면교육 할 때 자주 쓰는 방식이다. 아기가 기어다니는 시점이 되면 좋아하게 되는 놀이가 바로 손가락 인형놀이나 전화놀이다. 이런 놀이들이 어른을 흉내 내는 역할놀이다.

역할놀이를 통해 아기가 받게 될 수면교육이 어떻게 진행될 것인지 미리 보여줄 수 있다. 예를 들어, 인형의 수면의식을 끝내고 나면 인형을 침대(잠자리)에 눕히고 엄마는 나가고 인형은 운다. 엄마가 달래러 들어가야 하는지 안 들어가도 되는지 아기가 결정한다.

쉐인 롤리의 경험에 의하면 역할놀이 때 엄마가 인형(아기)을 달래러 방에 들어간 숫자만큼 실제로 자기를 달래러 들어와주기를 바라는 경우가 많다고 한다.

이런 역할놀이를 통한 수면교육 리허설이 본 공연(수면교육)에 도움이 되지 않더라도 이런 놀이는 그 자체로도 좋은 놀이라는 생각이 든다.

어린 아기가 있는 집에 가보면 집 안의 장난감 배치는 둘 중 하나다. 한 곳에 왕창 몰려 있거나 아기가 놀다 둔 그 상태로 아무 데나 놓여 있거나. 아기가 하나의 놀이에 지루해하면서 징징대며 엄마를 찾을 때, 또는 기어다니는 아기가 주방에서 집안일을 하는 엄마에게 칭얼거리며 다가올 때, 한 번에 다가오지 못하게 하라.

어떻게? 놀이영역을 거실에다 크게 한판 벌이는 대신에, 주방까지 확장해 작은 영역을 두서너 개 두는 것이다. 그리고 각 영역에 각각 장난감 두어 개를 배치한다. 예를 들면, 각 영역을 놀이 자세로 구분해서, 영역 1에는 누워서 놀 장난감, 영역 2에는 엎드려서 놀 장난감을 배치하는 식이다.

누워 놀
장난감

엎드려 놀
장난감

앉아 놀
장난감

기대어 서서
놀 장난감

이때 각 영역마다 작은 놀이매트로 구분해주면 좋다. 놀이매트는 화려한 장난감이 잘 보일 수 있도록 가능한 한 단색이 좋다.

방문 수면교육을 하는 사람들이 꼭 하는 이야기다. 수면교육을 하기 전의 낮 동안에 아기가 잠자리에서 놀 시간을 준다. 낮 시간 동안 아기가 잠자리에 익숙해져야 밤에도(수면교육을 할 때도) 잠자리를 낯설어하지 않는다. 아기가 잠깐 잠자리에서 놀 동안 엄마는 그 옆에서 빨래를 갠다든가 해서, 엄마와 직접적인 소통은 없는 상태로 아기가 잠자리에 익숙해지게 유도하면 된다.

놀이 부분을 마치면서 다시 한 번 강조하고 싶은 것은, 처음 시작할 때는 그 어떤 것이든지 단 1분이라도 좋다는 것이다. 시작했다는 것, 최종의 목표를 향해 나아간다는 것, 그것이 더 중요하다. 단 1분도 좋다!

현재의 아기 일과 로그 작성 및 아기의 수면량 체크

이 항목은 꼭 필요한 것은 아니지만, 수면교육을 할 때 으레 따라오게 마련인 아기의 일정 조정에 도움이 되는 것이다. 수면교육을 본격적으로 시작하기 전에 일주일 정도 현재 아기의 기상, 취침, 낮잠, 수유 시간을 체크해보고, 아기의 평균 하루 수면량도 계산해보라. 운 좋게 아기의 낮잠, 취침 시간을 체크해보니 두 번째 낮잠을 많이 자면 밤에 덜 깨더라 하는 식의 연관성을 발견할 수도 있고, 아기의 하루 평균 수면량을 계산해보면 앞으로 적용하려는 아기의 일과가 내 아기 수면량에 비춰볼 때 적절한가를 예측할 수도 있다.

수유 간격까지 늘 일정해야 한다는 주장에 나는 동의하지 않는다. 분유수유는 수유량이 눈에 보이기 때문에 수유 간격을 맞출 수 있다. 하지만 모유수유를 하는 아기의 경우, 만 5개월 정도가 되더라도 4시간 간격마다 수유하는 게 어려울 수 있기 때문이다.

다음은 다양한 일과 사례를 소개하는 타임테이블이다.

4개월

타임테이블 ①

	시간	일과
AM	6:30~	기상, 수유
	7:45~	낮잠 1
	8:15/45~	수유, 놀기
	9:45/10:00~	낮잠 2
	10:45/11:15~	수유, 놀기
PM	11:45/12:00~	낮잠 3
	1:15/1:45~	수유, 놀기
	2:00~	낮잠 4
	3:45/4:15~	수유, 놀기
	4:45~	낮잠 5
	5:45~	취침의식
	6:00~	수유
	6:15~	취침

타임테이블 ②

	시간	일과
AM	7:00~	기상, 수유
	9:00~	낮잠 1
	11:00~	놀기, 수유
PM	1:00~	낮잠 2
	3:00~	놀기, 수유
	5:00~	낮잠 3
	5:40~	놀기, 수유
	7:00~	취침의식
	7:30~	취침

느림보 수면교육

타임테이블 ③

	시간	일과
AM	7:00~	기상, 수유
	8:45~	낮잠 1
	9:30~	놀기, 수유
PM	12:00~	낮잠 2
	2:30~	놀기, 수유
	4:30~	낮잠 3
	5:00~	놀기, 수유
	7:00~	취침의식

타임테이블 ④

	시간	일과
AM	6:00~	기상
	7:30~	낮잠 1
	8:30~	놀기, 수유
	10:00~	낮잠 2
	11:00~	놀기, 수유
PM	12:30~	낮잠 3
	1:00~	놀기, 수유
	2:30~	낮잠 4
	3:00~	놀기, 수유
	4:30~	낮잠 5
	5:00~	놀기
	6:30~	취침의식

6개월

타임테이블 ①

	시간	일과
AM	6:30~	기상, 수유
	7:45~	이유식
	8:30~	낮잠 1 (1시간)
	11:30~	낮잠 2 (30~45분)
PM	1:00~	수유
	2:00~	낮잠 3 (30~45분)
	4:00~	수유
	4:30~	낮잠 4 (30분)
	5:00~	이유식
	6:00~	취침의식
	6:30~	수유
	7:00~	취침

타임테이블 ②

	시간	일과
AM	7:00~	기상, 수유, 이유식
	9:00~	낮잠 1 (1시간)
	10:00~	수유
PM	12:00~	낮잠 2 (30~45분)
	1:00~	수유
	2:30~	낮잠 3 (30~45분)
	4:00~	수유
	5:00~	낮잠 4 (30분)
	5:30~	수유, 이유식
	6:30~	취침의식
	7:30	취침

타임테이블 ③

	시간	일과
AM	6:00~	기상
	9:00~	낮잠 1
	11:00~	수유, 놀기
PM	2:00~	낮잠 2
	3:00~	수유, 놀기
	7:30~	취침의식

타임테이블 ④

	시간	일과
AM	7:00~	기상
	8:30~	수유
	9:00~	낮잠 1 (1시간 이상)
	11:30~	수유
PM	12:00~	낮잠 2 (30~45분)
	12:30~	수유
	3:00~	낮잠 3 (1시간 이상)
	5:00~	수유
	7:30~	취침의식

9개월

타임테이블 ①

	시간	일과
AM	7:00~	기상, 수유
	9:00~	이유식
	10:00~	낮잠 1 (1시간)
	11:00~	수유
PM	1:00~	이유식
	2:00~	낮잠 2 (1시간)
	3:00~	수유 + 간식
	5:00~	이유식
	6:15~	취침의식
	7:00~	수유 후 취침

타임테이블 ②

	시간	일과
AM	7:00~	수유, 이유식
	10:00~	낮잠 1 (1시간)
	11:00~	수유, 이유식
PM	2:00~	낮잠 2 (1시간)
	3:00~	수유 + 간식
	5:00~	이유식
	6:15~	취침의식
	7:00~	수유 후 취침

타임테이블 ③

	시간	일과
AM	6:30 ~	기상
	9:30 ~	낮잠 1
	11:00 ~	놀기, 수유
PM	2:00 ~	낮잠 2
	3:30 ~	놀기, 수유
	8:00 ~	취침의식

타임테이블 ④

	시간	일과
AM	6:00 ~	기상
	9:00 ~	낮잠 1
	10:30 ~	놀기, 수유
PM	1:30 ~	낮잠 2
	3:30 ~	놀기, 수유
	6:30 ~	취침의식

12개월

타임테이블 ①

	시간	일과
AM	7:00 ~	기상, 수유
	9:00 ~	이유식
	10:00/10:30 ~	낮잠 1(1시간)
	11:00 ~	수유＋간식
PM	1:00 ~	이유식
	3:00 ~	수유＋간식
	5:00 ~	이유식
	6:15 ~	취침의식
	7:00 ~	수유 후 취침

타임테이블 ②

	시간	일과
AM	7:00 ~	기상, 수유
	9:15 ~	이유식
	10:00/10:30 ~	낮잠 1(1시간)
PM	12:00 ~	이유식, 수유
	2:00/2:30 ~	낮잠 2(1시간)
	3:30 ~	간식
	5:00 ~	이유식, 수유
	6:15 ~	취침의식
	7:00 ~	수유 후 취침

타임테이블 ① 낮잠 두 번 일정

	시간	일과
AM	7:00~	기상
	7:00/7:30~	아침식사
	9:30~	간식
	10:00~	낮잠 1 (1시간)
PM	11:30/12:00~	점심식사
	2:00~	낮잠 2 (1시간)
	3:30~	간식
	5:30~	저녁식사
	6:30~	취침의식
	7:00~	취침

타임테이블 ② 낮잠 한 번 일정

	시간	일과
AM	7:00~	기상
	7:00/7:30~	아침식사
	9:00~	간식
	11:00~	점심식사
PM	12:00~	낮잠
	3:30~	간식
	5:30~	저녁식사
	6:30~	취침의식
	7:00~	취침

지금까지 아기 월령별 다양한 일과 사례를 소개해보았다. 그런데 혹시라도 6개월 이전 아기를 둔 엄마들이 위의 네 가지 예시 중 하나를 골라 적용하고 그대로 잘 되지 않는다고 스트레스를 받는 게 아닐까 걱정스럽다. 육아책에서 소개한 아기 일과 사례를 마치 모든 아기에게 적용 가능한 시간표로 간주하고 그대로 따라하다가 책대로 되지 않는다고 스트레스 받는 경우를 많이 봤기 때문이다. 이건 그냥 '예시'일 뿐이다. 꼭 따라해야 할 정답 중 하나가 아니다. (내 개인노트에 적힌 일과/일정만 해도 30개가 넘을 정도로 많다.)

6개월 이전 아기, 천천히 일과 만들어가기

생체리듬이 아직 제대로 잡히지 않은 신생아를 비롯한 어린 아기들(대략 3~4개월 이전)은 일과가 하루하루 다른 게 아주 당연한 일이다. 하지만 이 말이 부모가 일부러 일과를 만들어줄 수 없다는 의미는 아니다. 노력을 해도 늘 예측한 결과를 가져오지 않을 수는 있지만, 천천히 각각 활동의 의식(예를 들어 수면의식, 식사의식 등)을 중심으로 반복되는 하루 일과를 만들어나갈 수는 있다.

내니들이 권장하는 하루 일과는 대략 이런 패턴으로 반복된다.

① 아기 아침 기상

② 속싸개 풀고 스트레칭 해주고 잠깐 부모가 아기 하루를 준비할 동안(갈아입힐 옷 준비, 속싸개 정리, 기저귀 갈 준비 등) 아기는 자기 잠자리에 누워 있기(이 일과가 있으면 좋은 이유, 기억하는가? 낮부터 잠자리에 익숙해져야 밤에 자다 깼을 때도 그 잠자리에 익숙해질 수 있다!)

③ 아기 기저귀 갈아주기

④ 수유할 곳에 가서 수유하기(잠들지 않게 하기)

⑤ 수유 도중에 필요하면 트림시키기

⑥ 옷 갈아입히기

⑦ 1:1 스페셜 타임(이야기하기, 마사지 등등)

⑧ 바닥에서 혼자 놀 시간

⑨ 장난감 정리하며 노는 시간 마무리(장난감을 정리할 때의 노래가 있으면 좋다.)

⑩ 졸린 신호 관찰하기

⑪ 졸려하는 게 확실하면 키워드 "이제 잘 시간이에요. 우리 아기 사랑해"라고 말하기

⑫ 잠잘 방에 들어가 기저귀 갈기

⑬ 속싸개 싸기

⑭ 불 끄기, 커튼 치기

⑮ 자장가를 천천히 불러주면서 팔에 안고 잠 오는 기분 받아들이게 하기

⑯ 아기가 잠을 안 자려고 거부하면 꼭 안기

⑰ 엄마 품에서 잠들지 않도록 노력하기

⑱ 뽀뽀하고 "이제 누워 자자"라고 말하기

⑲ 잠자리에 눕히기

⑳ 키워드를 반복하며 아기 얼굴 쓰다듬기

㉑ 아기 취침

㉒ 아기가 깨면 다시 이 일과 반복

아기의 일과(일정)은 'baby schedule'이라는 키워드로 구글 검색만 해도 많이 찾을 수 있다. 그중 아기 일정이 모여 있는 곳은 아래 QR코드를 이용하면 쉽게 들어갈 수 있다.

여기서 잠깐 짚고 넘어가야 할 것이 있다. 아기 일정의 예시가 많고 그 예시 중 괜찮은 일정을 하나 골랐다 하더라도, 내 아기의 일주일간 수면량을 체크해보니 평균 수면량보다 1～2시간 더 많이 자야 하는 일정일 수도 있다.

뒷장의 도표는 아기 수면 전문가로는 최고로 꼽히는 퍼버 박사가 권장한 아기의 수면 권장량과 실제 아기들의 수면량을 비교한 것이다. 미국 수면재단의 〈2004년 미국 아이들의 수면에 대한 보고서〉에 실린 아이들의 실제 수면량의 비교치다.

전문가의 권장량과 실제 아이들의 수면량은 1～3시간 차이가 난다. 전문가들은 이에 대해 아기가 그렇게 덜 자니까 수면 문제가 발생한다고 할 수도 있다. 한편으론 맞는 말이다. 잠은 잠을 낳는 법이기에 많이 자는 아기는 더 자려고 한다.

그런데 2012년 잡지《페어런팅(Parenting)》과의 인터뷰에서 퍼버

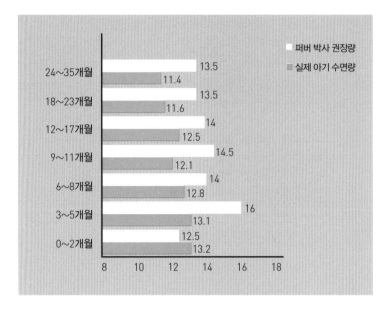

■ 퍼버 박사 권장량	
■ 실제 아기 수면량	

24~35개월 13.5 / 11.4
18~23개월 13.5 / 11.6
12~17개월 14 / 12.5
9~11개월 14.5 / 12.1
6~8개월 14 / 12.8
3~5개월 16 / 13.1
0~2개월 12.5 / 13.2

8　10　12　14　16　18

〈2004년 미국 아이들의 수면에 대한 보고서 중〉

박사는 이런 질의응답을 한 바 있다.

Q 퍼버 박사님의 수면센터팀에서는 수면에 대한 연구를 계속
하고 계시죠? 최근 알아낸 것이 있다면 무엇일까요?

A 과거에 우리가 생각했던 것만큼 아기가 많이 잘 필요는 없다
는 걸 알게 되었어요. 4개월 아기가 하루에 15~16시간 잘 수
있다는 생각은 희망사항이죠. 그런데 아기가 그보다 덜 자면 부
모들은 아기에게 문제가 있다고 생각합니다. 아기가 너무 일찍,
새벽 5시에 깨서 아침 7시까지 울게 놔두었다고 불평을 하거든

느림보 수면교육

요. 그런데 아기가 2시간 낮잠을 잤고 취침시간이 저녁 7시였다면 벌써 12시간을 잔 거예요. 아기에게는 그보다 더 많이 잘 필요가 없을 수도 있어요. 그러니 2시간 더 자라며 침대에 누워 있으라고 하는 건 훌륭한 생각은 아닌 거예요.

그렇다. 퍼버 박사의 말대로, 내 아기는 전문가가 권장한 만큼 잠이 많이 필요하지 않을 수도 있다!

단백질 이유식, 철분 섭취

철분은 아기 성장에 아주 중요한 영양소이다. 아기의 잠 문제도, 이유식을 안 먹으려 하는 것도 철분이 원인일 수 있다. 그래서 철분이 비교적 풍부한 단백질 이유식이 시작되기 전까지는 밤중수유(특히 꿈나라수유)가 필요할 수 있다고 하는 것이다. 철분이 부족한 경우에는 철분 섭취가 필요하기 때문에 어쩔 수 없이 수유를 해야 할 수도 있다. 그래서 수면교육 이전에 단백질, 즉 철분 섭취는 충분히 해주는 것이 좋다.

모유수유 아기의 경우라면, 아마 소아과에서 초기부터 철분 섭취를 하라고 권유받았을 것이다. 잠 문제도 있지만 이유식을 잘 안 먹는 아기라면 철분 섭취는 충분히 해주는 것이 좋다. 비타민 C는 철분 흡수를 도와주므로 고기 등 철분이 풍부한 음식을 먹일 때는 비타민 C가 많은 야채나 과일을 함께 먹이는 게 좋다. 반면 칼슘은 철분 흡수를 방해하므로 요거트나 치즈는 식사시간을 피해 간식시간에 주는 게 낫다. 아기가 기어다니는 월령쯤에는 소아과에서 철분 검사를 하는 경우도 있다. (큰아이 때 철분 검사를 비슷한 시기에 두 번 했는데, 손가락 끝부분을 살짝 찌르고 30초도 안 되어 결과가 나오는 간이검사와 혈액을 채취해 큰 병원에 의뢰한 정식 혈액검사 두 가지였다. 30초짜리 간이검사에서는 빈혈 수치가 나온 반면, 정식 혈액검사에서는 정상 수치가 나왔다. 간이검사는 말 그대로 간이다.)

그런데 이유식을 무작정 많이 먹는다고 밤에 덜 깨는 것은 아니다. 때로는 너무 많이 먹어서 소화하는 데 불편함을 느끼고 더 잘 깨는 경우도 있으니까. 또한 수면 부족을 수유나 이유식으로 충족하는 아기들도 있다는 점은 기억해두자.

월령별, 이쯤은 해두자

① 출생 직후

아직 하루하루가 다 다르다. 아기의 잠 패턴을 잘 관찰하려 해도 발견하기 어려울 수 있다. 시간대별로 수면패턴을 찾으려 하지 말고 오전, 오후로 나눠서 발견할 수만 있어도 좋다. 특히 헛울음을 이해하면 좋다. 아기가 자다 헛울음을 울 때 섣불리 반응하지 않도록 헛울음을 구분하려고 노력하면 된다. 아직 헛울음이 습관이 될 때가 아니기 때문에 헛울음 관찰이 쉽긴 하다. 다만, 아직은 관찰을 할 만큼 엄마의 마음이 여유롭지 않으므로 심호흡을 자주 하면서 헛울음이 헛울음이길 기다려보는 게 장기적으로 유익하다.

그리고 이 시기는 아기가 너무 소중하고 반가워서 피곤한 줄도 모르고 계속 아기를 안고 싶은 때이다. 그러나 자주자주 눕혀보자. 출생 직후부터 눕는 걸 싫어하는 아기도 있지만 상당수 아기가 이 시기에는 누워 있어도 별 불만이 없는 편이다. 일단 눕혀보자, 실패해도 좋다!

②6주~백일 이전

여전히 하루하루가 다르다. 6주쯤 되면 아기가 웃기 시작하고 밤낮으로 수유만 했다 하면 살짝살짝 보던 대변도 줄어들고, 밤 대변 기저귀 숫자도 현저하게 줄어든다. 이런 것이 아기에게 생체리듬이 생기는 첫 신호다. 밤낮을 가리기 시작한다. 6~9주 이내에 밤낮을 가리지 못한다면(즉 가장 길게 자는 시간이 밤에 있지 않으면) 밤낮을 가리도록 집안환경에 변화를 주는 게 좋다.

백일이 지났는데도 밤낮을 가리지 못하는 것은 집안환경 때문이다. 아침에 가능한 한 일찍 깨우고(진짜 깨지 않더라도 깨우는 노력은 해야 한다) 밤은 밤처럼 어둡게, 낮은 낮처럼 밝게 해준다. 그리고 낮에 햇빛을 많이 보게 해준다. 빠른 아기 중에는 이때부터 밤중수유가 없어지는 아기도 있다. 그렇지만 혼자 자기 시작한 아기라도 아직까지는 밤중수유를 인위적으로 없앨 노력을 할 때는 아니다. 대신 밤에 잠든 지 3시간이 되기 전에 깨서 운다면, 최대한 수유 없이 다시 재우는 노력을 시작하라. 6~9주 즈음부터는 낮 수유 간격 이상으로 잘 수 있다.

한편 이 시기 또한 실패를 무릅쓰고라도 자주자주 눕히기를 시도해야 할 때이다. 자주 눕혀보자. 실패하면? 다시 안아주면 된다. 다음에 또 눕혀보자.

③ 4~6개월경

기상시간, 취침시간이 거의 정해진다. 30분에서 1시간 차이가 날 수는 있다. 낮잠과 밤잠 재우기 의식도 거의 정착된다. 시시때때로 잠재우기 의식이 한두 개씩 바뀌기도 하지만, 전체적인 잠재우기 의식 틀은 크게 변하지 않는다. 잠재우기 의식 중에 젖이나 분유를 먹기는 해도 젖이나 젖병을 문 채로 잠들지 않게 하려는 노력은 시작해보는 것이 좋다. 치아가 나기 시작하는 시기이기 때문이다. (성공하면 좋겠지만 성공하지 못하더라도 너무 실망하거나 스트레스 받을 필요는 없다.)

밤중수유와 유치

밤중수유를 계속 해도 되는지에 대한 질문에 나의 대답은 늘 "아직 버틸 만하고 엄마가 괜찮으면 유지하셔도 돼요"이다. 하지만

느림보 수면교육

치아 얘기가 나오면 나 역시도 답변하기가 어려운데, 밤중수유를 하든 안 하든 아기의 치아를 위해서 다음 두 가지 사항은 잊지 말았으면 좋겠다.

첫째, 이가 났든 안 났든 거즈 수건으로 하루 2~3번 수유나 이유식 후에는 입 안을 닦아준다. 나중에 양치질 거부 사태를 막는 방법은 아주 이른 월령부터 거즈 수건으로 입 안을 닦아주는 것이다. 돌까지는 거즈 수건만으로도 양치질이 충분하다.

둘째, 이가 나거나 돌 이전까지는 꼭 한 번 치과에 다녀온다. 밤중수유 끊으라는 말, 100% 듣겠지만 그래도 다녀오는 게 좋다. 그 이후에는 3~6개월에 한 번씩 치과 검진을 받는다.

분유수유의 경우   분유 밤중수유에 대한 의견은 비교적 단순하다. 분유 밤중수유가 아기 치아에 아무런 영향도 미치지 않는다고 말하는 사람은 아무도 없다. 치아 측면만 따지자면 분유 밤중수유는 끊어야 한다. 치아가 난 이후인 경우, 분유 밤중수유를 끊을 수 없을 때, 두 가지 방법이 있다. 점차 분유를 물과 희석해가면서 물로만 수유하기와 젖병을 두 개 준비해서 분유수유가 끝나고 나면 물만 든 젖병 수유를 잠시 해주기.

모유수유의 경우   모유 밤중수유 얘기는 좀 복잡하다. 연구 결과 몇 편을 훑어봐도 찬반양론이 뚜렷하다. 모유수유, 특히 밤중 수유에 대해서는 치과의사들 사이에선 반대 의견이 일반적이다. 하지만 모유수유 지지 전문가 그룹(라르쉐 그룹 등)들의 얘기는 다르다. 이들의 주장에 대한 근거는, 우선 유당이 아기 입속으로 흘러들어가는 경로는 분유수유와 다르다는 것이다. 분유수유는 유당이 치아를 거치는 경로라면, 모유수유는 유당이 치아에 흘러들어가지 않고 목구멍으로 직접 들어가는 경로라는 것이다. 또 다른 근거로 제시하는 것은, 모유가 충치에 영향을 준다는 연구 결과가 모유의 '락토스'만으로 실험한 결과일 뿐이라는 점이다. 그런데 모유에는 락토스만 있는 것이 아니다. 예를 들어 모유에 포함된 락토페린(lactoferrin)이라는 성분은 충치를 유발하는 치아우식균을 죽이는 역할을 하는 것으로 알려져 있다.

이 찬반양론에도 불구하고, 모유 밤중수유를 긍정적으로 생각하게 만든 흥미로운 주장이 하나 있다. 미국 미주리 주 캔자스 시의 사회인류학자 브라이언 팔머(Brian Palmer) 박사의 주장이다. 팔머 박사는 독특하게도 현재 아이들을 대상으로 연구를 한 것이 아니라, 스미소니언박물관에 소장되어 있는 유골의 치아를 대상으로 조사를 했다.

유치 1,344개 중에 충치가 있는 유치는 겨우 19개, 1.4%였다.

느림보 수면교육

항목	숫자 또는 비율
조사한 유치 숫자	1,344개
충치가 있는 유치 숫자	19개
충치 비율	1.4%
충치가 심한 유치 숫자	4개
충치가 심한 비율	0.3%

브라이언 팔머 박사는 모유가 충치를 유발하는 원인이었다면 진화과정 중에서 퇴출이 되었을 거라고 믿는다. 치아는 인류 생존에 꼭 필요한 '먹는 행위'를 하는 가장 중요한 도구이기 때문이다.

팔머 박사만 이런 데이터를 얻어낸 것이 아니다. 토니 박사 역시 500~1,000년 된 유골에서 충치가 있는 유골이 0.2%에 불과했다는 데이터를 얻어냈고 몰너 박사도 호주의 선사시대 이전 유골 600점을 확인한 결과 충치는 전혀 없었다는 결론을 내렸다.

팔머 박사에 의하면, 해부학상 현대 인류가 출현한 것은 대략 10만 년 전이고 유골에 충치가 나타나기 시작한 시기는 대략 8천 년에서 1만 년 전이기 때문에 그 이전 대략 9만 년 동안은 충치 자체가 존재하지 않았을 수도 있단다.

그 1만 년 사이에 모유가 갑자기 충치에 취약하게 바뀐 것일까? 이에 대해 명확한 답은 아직 없지만, 모유보다는 이유식 중 탄수화물 성분의 변화가 충치에 많은 영향을 미치고 있을 거라고 믿는 사람들도 있다. 환경의 변화로 모유에도 과거보다는 나쁜 성분이 포함되고는 있지만 그래도 아기가 모유 외에 따로 섭취하게 되는 탄수화물 성분에 비해서는 크게 달라지지 않았다고 볼 수 있기 때문이다. 요즘 아이들은 10년을 사는 동안 100년 전 사람들이 평생을 살면서 섭취할 당분을 모두 섭취한다는 말이 있는 것처럼 단당류 섭취는 이전보다 훨씬 많이 늘었다. 분유의 성분만 살펴봐도 사실 짐작할 만하다.

하지만 모유 자체만 볼 때 충치의 원인은 아니라 해도 모유가 충치를 예방하는 예방책이 될 수는 없다. 충치에 대해서 고려할 요소가 단순히 밤중수유만 있는 건 아니다.

엄마아빠의 치아 상태(그리고 엄마아빠 가족의 치아 상태), 아기 임신 기간 동안 엄마의 치아 상태(치료 못한 충치가 있었을 경우, 아기의 충치 확률이 더 높음), 충분한 칼슘 섭취 가능 여부, 이유식을 먹이면서 엄마(아빠) 숟가락을 같이 쓰는 경우, 큰 형제자매 중에 충치가 있는 경우 등도 고려해야 한다.

④ 9개월경

아기의 하루가 거의 유사해지기 시작한다. 기상시간이나 취침 시간뿐 아니라 낮잠 시간이나 이유식 시간도 거의 정해진다. 이때 점차 혼자 놀 기회를 주는 게 좋다. 아기가 조금씩 말을 알아듣기 때문에 하루 종일 엄마 품에만 있으려고 한다면, 아기에게 혼자 놀 수 있다는 긍정적인 메시지를 주면서 혼자 놀 환경을 만들어줄 수 있다. 놀 때뿐 아니라 자기 전에도 혼자 뒹굴뒹굴하다가 잠들 기회를 한 번씩은 줘보라.

여기까지가 본격적인 수면교육 전에 해두면 좋을, 나눠 하는 수면교육이다. 이제 아기 잠버릇을 고치기 위한 실전 준비에 들어가 보자.

4

실전에 들어가기-시행 전 단계

아기가 받는 수면교육이라 하더라도 엄마의 준비가 필요 없는 것은 아니다. 신중한 준비를 통해 아기를 알고 엄마 자신을 알면 아기를 최대한 덜 울리면서 잠버릇을 고칠 수 있다.

무엇보다 리스트를 직접 작성해볼 것을 권한다. 내가 만일 시간당 10만 원의 수수료를 받고 이런 걸 알려준다고 생각해보라. 그러면 누구든 따라하지 않겠는가? 방문 수면교육의 장점은, 물론 전문가가 함께하니 안심되는 면도 있겠지만, 경과를 보고해야 하기 때문에 의무감을 가지고 실천하게 된다는 점도 있다. 책의 경우, 권하기는 하지만 꼭 해야 할 의무감은 들지 않을 것이다. 리스트를 작성

느림보 수면교육

하지 않을 거라면 적어도 곰곰이 생각은 해보자!

문제라고 생각되는 일들의 리스트를 작성해본다. 다음의 예를 보자.

① 취침시간이 늦음

② 기상시간이 너무 빠름

③ 밤에 자주 깸

④ 잠드는 데 시간이 너무 오래 걸림

⑤ 하루 종일 안아줘야 함

⑥ 기저귀 갈기 등 기본적인 요구사항 시행이 어려움

⑦ 취침의식이 매번 달라짐

⑧ 육아로 인해 남편과 자주 말다툼을 벌임

⑨ 이 세상에서 혼자 애 키우는 것 같은 느낌이 듦

이런 것이 리스트에 작성될 수 있다. 닭이 먼저냐 달걀이 먼저냐 하는 문제처럼 느껴지겠지만 아기 잠 문제가 먼저냐, 다른 문제가 먼저냐 하는 것을 객관적인 관점에서 체크해볼 필요가 있다.

예를 들어, 육아로 인해 생긴 남편·시댁 또는 친정과의 갈등은 잠 문제만 없으면 없어질 수 있는지, 또는 남편·시댁·친정과의 갈등이 없어지면 잠 문제는 견딜 수 있는 것인지, 어느 쪽이 먼저인지를 생각해보는 것이다.

이런 문제는 아기 잠 때문에 곤욕을 치르느라 피곤해서 불거진 문제일 뿐, 아기 잠 문제가 원인이 아닐 수도 있다. 오히려 그 반대로 인간관계의 갈등이 그대로 아기와의 갈등으로 이어지고 있고 그 갈등이 잠 문제로 표면화되어 나타나는 것일 수도 있다.

현재 아기로 인해 힘들어진 것뿐 아니라 출산 전 엄마로서의 기대치, 출산 후 달라진 가족관계도 아기의 수면 문제를 해결하기 위한 플랜에서 체크해봐야 하다. 이는 현재 당면한 수면 문제를 해결하는 데뿐 아니라 유아 및 어린이 시기를 지나게 될 아이와의 관계를 위해서도 필요한 연습이다. 엄마의 처한 상황이 아기의 잠 문제를 비롯해 다른 문제를 일으키기도 하기 때문에 엄마 측의 역량을 키워 현재의 아기 잠 문제를 견딜 방법은 없을지 생각하는 것도 잠 문제를 해결하는 방법 중 하나다.

특히나 "수유(공갈젖꼭지)로 재우는 것이 좋지 않다더라"라든가 "혼자 자는 법을 배워야 한다더라"라는 식으로 다른 사람의 의견 때문에 평온하던 아기의 잠재우기 방법을 바꾸려는 시도는 하지 말았으면 한다. 백일경에는 누워 자야 한다고 들어서, 젖만 먹으면 금방 잠들고 잘 깨지도 않던 아기를 눕혀 재우기 시도한 후 아기가 깜짝깜짝 놀라 깨고 이젠 젖을 줘도 안 자더라는 이야기, 심심찮게 들을 수 있다.

이제 다음의 사항들을 꼼꼼히 체크해보고 수면교육 시행 전에 마음을 다잡아보자.

변화할 것인가, 하지 않을 것인가

변화에 대한 엄마의 준비를 평가하는 것이다. 잠 문제를 겪는 엄마들이 아기 잠 문제를 해결하고 싶다고 말은 하지만, 그 엄마들 모두 잠 문제를 해결하기 위한 변화를 꾀할 준비가 되어 있는 것은 아니다. 그래서 소위 수면교육을 하는 시기가 엄마마다 다른 것이다. 아예 하지 않는 엄마도 많다.

지금 아기의 잠버릇을 고치지 않는다면 어떤 긍정적인 면이 있고 어떤 부정적인 면이 있는지, 그리고 잠버릇을 고친다면 어떤 긍정적인 면이 있고 어떤 부정적인 면이 있는지 리스트를 작성해보는 게 좋다. 그러면 수면교육에 대해 좀 더 객관적인 입장이 될 수 있기 때문이다.

리스트 작성이 귀찮고 싫다면, 마음속으로라도 해당 목록이 몇 개가 되는지 세어볼 것을 권한다. 다수결로라도 정할 수 있도록 말이다.

감당할 수 있는가

아무리 엄마 측에서 준비를 많이 한다 하더라도 아기가 수면교육을 하면서 거의 울지 않을 것이라거나 한 10분 울다가 잠이 들 거라는 기대는 버리는 게 좋다.

리처드 퍼버의 방법에서 잠버릇 고치기에 소요되는 평균 시간이 첫날은 40분, 둘째 날은 1시간 30분, 셋째 날은 20분이 걸린다고 한다. (딱 한 번 자는 아기라면 참을 만도 할 것 같다. 그러나 낮잠을 여러 번 자는 아기라면?) 평균을 넘어서 2시간 이상 울면서 수면교육이 싫다고 자신의 의지를 확실히 표현하는 아기도 있다.

자신의 아기를 평균이라고 가정하고 한 번 재울 때 저만큼의 울음을 참을 수 있을지 먼저 생각해보는 게 좋다. "어차피 잠투정이 심한 아기라 원래 저 정도 울다 잤어요!" 하는 엄마라도 수면교육을 만만하게 보지 않았으면 한다. 같은 시간을 울다 자더라도 엄마가 달래려는 노력을 하는데 아기가 울다 자는 것과 (달래는 노력을 덜 하는) 수면교육을 하기 때문에 아기가 울다 자는 것은 느낌의 차이가 상당히 크다.

의외로 아기가 평균시간보다 짧게 울다 잠들어서 "수면교육이 이렇게 쉬운 거였어?" 하는 엄마도 많으니 지레짐작으로 겁먹을 필요는 없다.

이전에 시도했던 것 평가하기

아기 잠버릇을 고치기 위해 이전에 시도해봤던 경험들을 떠올려본다. 그 경험으로 새로 알게 된 것은 무엇인가? 성과를 보지 못했던 이유는 무엇이었을까? 중단할 때 어떤 생각이 들었는가? 무엇이 충족되었더라면 만족스러운 성과를 얻었을 거라고 생각하는가? 아기 잠버릇 고치기 시도를 다시 하려는데 망설이게 되는 이유는 무엇인가?

느림보 수면교육

아기가 자는 방의 환경 체크하기

아기가 자는 방의 환경도 중요하다. 따라서 다음 사항을 확인해 보는 것도 필요하다.

① 적절한 온·습도 유지 – 이불보다는 수면조끼 등 권장.

② 낮잠을 잘 못 자거나 아침 일찍 깨는 경우, 암막커튼이 도움.

③ 방은 가능하면 어둡게, 취침등을 써야 한다면 약하게.

④ TV는 아기 잠자리에서 보이지 않게.

⑤ 방문 틈으로 새어드는 불빛이 아기 눈에 바로 비치지 않게.

⑥ 백색잡음이나 자장가 사용으로 주변 소음 차단.

일주일에서 10일간 아기 잠 습관 체크하기

아기 잠 로그를 체크해보면 대략적인 아기 잠 요구량을 추측할 수 있을 뿐 아니라 아기의 잠 습관을 예측할 수 있다. 만 4개월 이전의 아기들은 아직 특별한 낮잠 시간대가 없을 수도 있으며, 취침시간이 정해진 것 정도일 수 있다. 이 시간 동안은 잠재우기 의식 등을 변경하려는 시도는 하지 말고 아기의 잠 습관만 체크하면 된다. 체크한 로그를 보면 알 수 있는 것들이 많다.

특정 시간대에 특히 아기가 달래기 힘들 정도로 운다 싶으면 그 시간대가 이미 잠자리에 들었어야 하는 시간일 가능성이 크다. 일주일에서 10일간 체크해보면 하루 평균 수면량을 계산할 수 있는데 이 평균 수면량이 아기의 수면 요구량과 비슷하다 보면 된다.

아기의 현재 평균 수면량보다 2~3시간을 더 많이 재우려는 노력은 아기도 엄마도 많이 피곤할 수 있으니 현재 평균 수면량에서 1시간여를 더 재우는 정도로만 일단 목표로 삼자. 스마트폰 사용자라면 수유도우미, 크라잉베베 또는 BabyESP, Baby Connect 같은 어플을 이용할 수 있다.

구체적인 목표 설정하기

이 단계에서는 나의 이상적 기대치와 실현가능한 기대치를 체크해본다.

지금 하룻밤 사이 다섯 번 깨는 아기를 두고 '만 6개월에는 밤에 안 깨고 잔다'라는 이상적인 기대치를 갖는다고 해서 나쁠 것은 없다. 이런 게 희망이라는 거니까. 그러나 현실적인 기대치를 정할 줄 아는 것 또한 중요하다. 기대치가 너무 높아서는 조금의 성과에 만족할 수가 없다. 조급한 마음도 생긴다. 이런 마음이 아기 잠버릇을 고치는 데 방해가 될 수 있다.

책이나 남이 하는 이야기를 기준으로 삼지 말고 현재 이 정도는 내가 바란다거나 아기도 이 정도는 해줄 수 있을 거라고 생각하는 실현 가능한 목표를 설정하면 된다. 물론 이 단계에서는 목표를 매우 높게 잡거나 낮게 잡아도 상관없다. 어차피 다음 실행 단계에서 목표를 조금씩 수정할 테니까. 예를 들면, '밤 10시부터 새벽 5시까지는 수유 없이 자게 한다'는 식으로 설정하면 된다.

느림보 수면교육

현재의 잠재우기 방법과 이번에 시행할 잠재우기 의식 정하기

지금 아기를 재우는 방법과 앞으로 변화하길 바라는 잠재우기 의식을 설정한다. 이 잠재우기 의식에는 아기를 재우는 의식뿐 아니라 자다 깼을 때 다시 재우는 의식도 포함된다. 가능한 방법을 미리 정해보면 좋다. 그 방법을 끝까지 지켜야 할 필요는 없지만 적어도 그것에서 크게 빗어나지 않을 수 있도록 정하면 좋겠다.

수면교육 방법 생각해보기

어차피 할 수 있는 수면교육 방법은 많고, 모두에게 효과적인 단한 가지 방법은 없다. 엄마가 할 수 있는 방법을 선택하면 된다. 잠버릇 고치기 방법을 결정하는 데는 여러 가지 성공 요소가 있겠지만 여기서는 네 가지를 소개하겠다.

첫 번째는 잠버릇을 고칠 엄마의 의지가 얼마나 강한지 생각해보는 것이다. 아기를 울리더라도 빨리 잠버릇을 고칠 것인지, 아니면 아기를 덜 울리면서 천천히 고칠 것인지 생각해보자. 의지가 강하면 강할수록("엄마가 마음을 독하게 먹어야"라고들 한다) 좀 더 빠르게 잠버릇을 고칠 수 있겠지만, 그러기 위해서는 며칠 동안 아기의 울음이라는 큰 대가를 치러야만 한다.

두 번째는 평소 자신의 목표에 대한 열정 정도를 돌이켜보는 것이다. 한번 목표를 세우면 그 목표를 달성하기 위해 밤잠도 잊고 매진하는 스타일이라면, 아기가 많이 울더라도 잠버릇을 단번에 고치는 방법을 선택해도 괜찮을 것이다. 반면, 커다란 목표를 두고 장기간에 걸쳐 천천히 목표를 향해 가는 스타일이라면 아기의 잠버릇을 천천히 고치는 방법이 더 편하게 느껴질 것이다.

세 번째는 그동안 아기 울음에 대한 자신의 반응이 얼마나 빨랐는가를 돌아보는 것이다. 평소 아기의 울음을 견디기 힘들어 모두 달래주던 엄마가 잠버릇을 고치겠다고 어느 날 갑자기 아기가 혼자 울다 잠들 때까지 한 시간이고 두 시간이고 울게 놔두기란 결코 쉬운 일이 아니다. 오래 걸리더라도 조금씩 달래가면서 젖을 주지 않거나 안아주지 않는 등 이전 방법을 허용하지 않는 게 더 나을 것이다. 반면 설거지를 하는데 아기가 울기 시작하는 상황에서 대충하더라도 설거지를 마저 끝내고 싶어하는 사람이라면, 단기간 동안 아기가 많이 우는 방법도 견딜 수 있을 것이다.

네 번째, 함께 사는 가족의 반응도 중요하다. 엄마는 목표를 향해 단기간 동안 매진할 각오가 되어 있고 아기 울음도 잘 견딜 수 있으며 의지 또한 강하다 해도, 어린 아기의 잠버릇을 뭘 고치냐며 엄마의 희생을 더 요구하는 남편이나 시부모 또는 친정부모와 함께 사는 경우라면 아기가 많이 울게 되는 단기간 수면교육에 어려움을 겪을 수 있다. 가족의 반응이 나의 의지를 오히려 불타오르게 하더라도 기분이 상하는 것은 당연한 일이고 엄마의 불쾌한 기분은 현재 가장 어려움을 겪고 있는 아기에게 좋은 영향을 미칠 리 없다.

그렇다고 아이가 클 때까지 잠버릇도 못 고치게 내버려두고 엄마는 늘 아기가 원하는 것을 들어줘야만 하는 것은 아니다. 가족에

느림보 수면교육

게 말하면 된다. 짜증 내거나 울먹이지 말고 차분하게 말할수록 아기 엄마의 의지가 잘 전달된다. 이 책을 통해 누누이 강조했다시피 성인과의 이런 대화 기술은 결국 내 아기에게도 그대로 써먹을 수 있는 것이니 지금부터 연습해놓는다고 해서 절대 해가 될 리 없다.

이렇게 네 가지를 고려하면 어떤 방법으로 아기 잠버릇을 고칠지 결정할 수 있다. 그렇지만 완벽한 방법은 찾을 수 없을 것이다. 그런 방법은 없다. 잠버릇을 고치더라도 '완벽하게' 고쳐지리라는 웅대한 포부는 갖지 않는 게 좋다. 그런 건 없다.

잘 자는 어른도 가끔 잠이 안 오는 날이 있고 자주 깨는 날이 있는 것처럼 아기도 마찬가지다. 아니, 아기는 더하다. 불완전한 사람이 불완전한 방법으로 불완전한 성과를 보는 것, 그리고 그것을 불완전하게 고마워하는 것, 그게 육아다.

예고 등의 의사소통에 힘쓰기

아기 잠 문제에는 의사소통이 관여한다. 엄마가 아기의 잠버릇을 고치겠다는 마음의 준비를 했다면 이제는 아기가 마음의 준비를 하도록 도와줘야 한다. 아기에게 말을 한다고 아기가 말을 알아들어줄 것인가? 6개월 이후 아기라면, 그렇다, 알아듣는다. 무슨 말인지 엄마의 정확한 의도는 알 수 없더라도 뭔가 중요한 일이 벌어지려고 한다는 느낌은 가질 수 있다. 잠버릇 고치기 디데이 1~2주 전부터 아기에게 "엄마도 힘드니 이제는 ○○ 없이 잠을 자야 한다"고 예고한다. 엄마의 의지를 보여주는 것이다.

어린 아기라도 몇 주 또는 며칠 전에는 수면교육을 할 것이라는 예고를 충분히 해줘야 한다. 예고뿐 아니라 혼자 놀 수 있는 환경도 만들어주고 혼자 놀게 권유도 하면서, 계속 아기에게 부모의 의지를 표현할 수 있어야 한다.

의사소통에 대해 강조하다 보니, 내 조언을 들은 엄마들로부터 경험담을 종종 듣는데 "아기가 엄마 말을 알아들어요!" 하는 월령의 신기록이 계속해서 깨지고 있다. 한 엄마는 돌 전후에 갑자기 젖을 떼야 할 일이 생겨서 며칠 전부터 예고를 했더니 너무 수월하게 되더라고 했다. 다른 엄마는 8개월쯤부터 밤에 아기가 깨면 "이제 밤중수유는 없어요. 아침이 되면 먹어요"를 반복했더니 처음엔 거부했지만 얼마 안 가 말을 알아듣고는 밤중수유 없이 자기 시작하더라는 이야기를 해주었고, 가장 최근에는 4개월 된 아기의 기저귀를 갈아주는데 "엉덩이를 들어요", "다리를 내려요"라는 말을 아기가 알아듣더라는 경험담이 올라온 적도 있었다!

이 정도가 아기 잠버릇 고치기 실행 전 단계이다. 그런데 꼭 당부하고 싶은 것이 하나 있다. 아기 잠버릇을 하루라도 빨리 잘 들이고 싶더라도 당장 수면교육을 중단해야 할 신호가 있다는 것도 기억했으면 좋겠다.

느림보 수면교육

5
⋮

수면교육을 중단해야 할
위험신호!

놀이시간에 평소 엄마와 눈을 잘 맞추던 아기가 안 마주치려 한다. 수유나 이유식 자체를 거부하거나 양이 눈에 띄게 줄어든다. 이런 증상이 나타나면 아기가 자신이 감당할 수준 이상의 스트레스를 받고 있는 것이므로 아기 잠버릇 고치는 것은 뒤로 미루고 일단 중단하라고 조언하고 싶다.

아기는 엄마 감정의 거울이기 때문에 엄마의 감정이 아기에게서 보이는 거라며 수면교육을 중단할 이유가 없다고 주장하는 사람들도 있다. 그럴듯한 말이고 그럴 수도 있다. 그런데 뒤집어 생각해보자.

수면교육을 한다고 해서 아기들에게 이런 증상이 많이 나타나지는 않는다. 이런 신호를 아기의 신호가 아니라, 수면교육을 하는 엄마의 죄책감을 느끼는 아기가 반사하는 신호라 치자. 그렇다면 분명 아기는 괜찮은 것이다. 그런데 엄마는 어떤가. 엄마가 아직 괜찮지 않다는 의미다. 많이 나타나지 않는 증상인데 아기의 반응에서 엄마가 보이고 있는 것이라면, 엄마는 남들보다 더한 죄책감을 느끼고 있는 것이다.

"아기는 괜찮아요"라는 말에 "아, 그렇구나, 아기는 괜찮구나. 내가 문제였구나!" 하며 자신의 자세를 바꿀 수 있는 엄마라면, 수면교육 계속 해도 좋다. 그렇지 않다면, 중단하는 게 좋다. 엄마든 아기든 아직 수면교육의 거센 울음을 견딜 준비가 안 된 것이다. 지금 못한다고 영원히 못하는 것이 절대 아니다.

또 하나 이런 경우도 수면교육을 중단했으면 하는 때다.

수면교육을 시작하고 나면 3일의 기적은 없다 하더라도 3~5일 사이에는 아기가 스스로 자는 법을 배워가는 듯한 호전을 보이는 게 정상이다(호전을 보이더라도 3주 정도는 어느 정도 수면교육법을 유지해줘야 하지만 말이다). 그런데 3~5일이 지났는데도 아기가 마치 처음 수면교육을 시작하듯 많이 울고 잠드는 것도 수월하지 않다면, 이 아기는 잠드는 방법의 문제 외에 다른 문제가 있을 수 있다. 예를 들면, 아기의 수면 요구량보다 잠을 많이 잔다거나 이가 나고 있다거나.

이럴 때는 수면교육을 중단하고 아기의 전반적인 생활을 다시 한 번 들여다봐야 한다. 아기 수면 로그를 들여다보아 내가 아기를

느림보 수면교육

너무 많이 재우려고 하는 것은 아닌지, 혼자 자라는 요구 외에 기저귀를 갈거나 옷을 입힐 때 또는 혼자 놀라고 할 때의 의사소통은 잘 되고 있는지, 최근 이사나 복직 등으로 생활환경에 변화는 없었는지 확인해보는 것이다.

효과도 없이 아기가 잠들 때마다 30분, 1시간씩 울어대는데 그렇게 해야 한다니까 3, 4주씩 계속 수면교육을 하지는 마시라. (두 달 넘게 하는 엄마를 봤기에 하는 말이다.)

6

실전! 그리고 변경

수면교육에 대한 글을 읽어도, 구체적인 목표를 세워도, 실제로 시작하기 전까지는 뜬구름 잡는 것에 가깝다. 실전을 겪고 나니 이렇게 몰랐구나 하는 것이 생기게 된다. 다시 말해, 플랜 A로 생각하고 실행을 했는데 막상 해보니 아기의 반응이 예측과 달랐다. 이럴 때는 플랜 B로 바꿔 실행해볼 수 있다.

예를 들어, 엄마가 아기를 혼자 울리는 것이 안쓰러워 트레이시 호그의 안눕(244p), 즉 안아주며 달래는 방법으로 아기 잠버릇을 고치기로 결정하고 실전에 들어갔다 치자. 엄마 딴에는 호그의 말대로 아기가 울면 안아 달래주고 진정되면 바닥에 내려놓기를 반복하려고 했는데, 몇 번 해보니 아기를 안아 달래주는 것까지는 좋은데 내려놓으려고만 하면 난리를 치고 바닥에 계속 내려놓았을 때보다 더 많이 우는 듯한 느낌이 드는 것이다. 그러면 (잠버릇 들이기를 중단할 의향이 아니라면) 아기를 아예 바닥에 내려놓은 채 달래는 것으로 방법을 수정해볼 수도 있다.

바닥에 내려놓은 채 아기 몸을 쓰다듬는 등 달래기 방법으로 잠버릇을 고치기 시작했는데 아기 몸을 쓰다듬는 게 오히려 아기를 화나게 만드는 것 같은 기분이 들면, 아예 쓰다듬지 않고 혼자서 진정하고 잠들기를 기다리도록 방법을 수정할 수도 있다.

이처럼 엄마가 실행하면서 알아채는 그 느낌, 이른바 엄마의 육감을 무시하지 않을 수 있어야 한다. 아기가 필요한 것을, 아기의 말을 통해서가 아니라 아기와의 경험을 통해서 파악하는 좋은 실례이기도 하다. 책이나 선배맘의 '~카더라'는 참고만 하면 된다. 머릿속으로 배운 정보와 내 아이와의 경험을 비추어 나만의 답안을 찾으면 된다.

"육아에는 정답이 없다"고 한다. 객관식으로 치자면 정답이 없다는 말이 맞는 것도 같다. 그러나 내가 생각하기엔 '육아에는 정답이 너무 많다'. 이 방법도 이 가족에게는 정답이고 저 방법도 저 가족에게는 정답이고 그 방법도 그 가족에게는 정답이다. 서술형 문제를 낸 교사가 까다로운 교사라면 한 문장 한 문장 오류를 찾아내 낮은 점수를 주고 '정답'이 아니라고 단언할 수도 있겠지만, 전반적인 이해도를 중점으로 채점하는 교사라면 학생의 웬만한 답변에도 높은 점수를 주며 '정답'이라고 할 수 있는 것이다.

육아에서 채점자는 바로 자신, 엄마다. (그리고 아이다.) 여러분이 논술을 평가하는 교사라 가정할 때, 한 단어 한 단어 올바르길 바라는 까다로운 교사인가, 전반적인 이해도를 중점으로 평가하는 교사인가? 나는 후자이고 싶다. 부족한 내 인격상 전자일 때도 많지만 말이다.

2014년 소비자 리서치 패널인 틸리언 패널이 500명의 2개월 미만 아기를 둔 신생아맘에게 물었더니 48%인 240명이 아기 수면 문제로 가장 힘들다고 답변했다고 한다. 아기가 태어난 첫해, 부모에게 가장 힘든 일은 수면 부족이다. 수면 부족은 삶의 전반적인 질을 떨어뜨릴 뿐만 아니라 부모의 이성까지도 잃게 만든다. 성인인 부모의 수면 부족은 그나마 참을 만한데, 아기가 수면 부족으로 울고 힘들어하는 모습은 부모에게, 특히 엄마에게 너무 힘든 일이다. 그래서 책을 읽고 인터넷 검색을 하고 남들이 해야 한다고 하는 이 방법 저 방법을 다 써본다. 하지만 단번에 나와 내 아기에게 맞는 방법을 찾는 행운이 쉽게 찾아오지 않는 경우도 많다.

그래서 수면교육은, 아기가 태어난 이후 부모가 내려야 할 첫 번째 결단 중 하나다. 수면교육을 해야 할지 말아야 할지부터, 어떤 방식으로 수면교육을 할 것인지, 수면교육을 시작하고 나서도 수면교육을 지속할지 말아야 할지까지. 그런 면에서 수면교육은 육아의 가장 값진 사실을 알려주는, 부모로서는 첫 시험무대가 되는 것인지도 모른다.

누구는 이 방법이 최고라고, 누구는 저 방법이 최고라고 주장한다. 그러니 아직 시도해보지 않은 부모라면 어떤 것이 자신에게, 자신의 아이에게 맞을지 고민해보고 결정해야 한다. 모든 장점만 취하고 모든 단점은 피할 수 있는 최고의 방법은 찾지 못할 수도 있다. 이런 장점은 있는데 저런 부작용도 있을 수 있는 방법을 선택해야 할 수도 있다. 마찬가지로 선택하지 않을 수도 있고.

수면교육은 그야말로 부모로서 아이를 위하여, 부모 자신을 위하여 처음으로 결단을 내리는 경험 중 하나다. 결과를 보장받을 수 없는데 시도해보는(시도하지 않기로 결단하는) 첫 경험이다. 이런 의미에서 수면교육은 육아에 있어 결코 작은 부분이 아닌 것이다.

육아 사이트를 운영하다 보니 수면교육뿐 아니라 육아 전반에 걸쳐 "어떤 게 아기에게 가장 좋은 방법일까요?"라는 질문을 참 많이 받는다. 최선의 방법도 중요하지만, 그보다 중요한 것은 아기와 자신과의 관계를 생각하는 것이다. 아기만 생각하는 것도 아니고, 나만 생각하는 것도 아니고 아기와 나와의 관계를 생각하는 것이 더 중요하다.

아기에게는 아기 자신의 취약점들이 있으니 성인인 우리가 참고 기다려줘야 하는 부분이 분명히 있다. 하지만 아기와 부모 쌍방에서 한쪽이 너무 희생하지 않는 관계를 중요하게 생각하며 결정하는 법을 배워가길 바란다.

아기의 수면교육만을 가지고 책을 낼 생각은 없었다. 큰애의 잠 투정 때문에 잠에 대해 공부하고 경험을 나누다 보니 수면교육에 대해 잘 알게 되었지만, 내가 잘하는 것은 아기의 수면 문제 '해결'이 아니라 힘들어하는 아기 엄마의 마음에 공감해주는 것이기 때문이다. 나는 내 웹사이트 이름과 같은 '베이비 위스퍼러'보다 '마미 위스퍼러'가 되고 싶다.

아기가 태어난 첫해의 가장 어려운 문제인 아기 잠 문제는 내가 쓴 이 책이 없어도 결국 해결이 된다. 그러나 그 어려운 문제를 만나 자존감을 잃어버린 엄마의 마음은 앞으로 이어질 훨씬 더 긴 육아마저도 두렵고 불안하게 느끼며 힘들어할 수 있다. 나는 그 마음을 잘 알기에 아기의 잠 문제가 육아 전반의 성적표는 아니라며 격려해주고 싶다.

그래서 이런저런 방법으로 좋은 수면습관 잡는 법을 먼저 알려주고 그 방법들이 중요한 만큼 시간이라는 특효약도 중요하다는 이야기를 하고 싶어 결국 아기 수면교육 책을 쓰게 되었다.

나는 이 책의 주제처럼 '느림보'인 게 틀림없다. 뭐 하나를 하려고 해도 이게 나은 걸까, 저게 나은 걸까, 생각만 오래 한다. 실전에 들어가기가 참 어렵다. 천성이 느림보다.

매사가 느리다 보니, 수면교육도 느림보처럼 하는 게 내게는 맞다. 처음엔 나도 '3일의 기적'에 혹하여 망설임 없이 수면교육을 해보았다. 성과도 있었다. 그러나 나는 결국 내 태도를 바꿀 수밖에 없었다. 내 스타일이 아니었기 때문이다. 아이가 자지러지게 우는 수면교육을 하는데, 나의 내면에서 자꾸 말을 걸어왔다. "애를 잘 재우려는 노력은 이해가 되는데, 애도 힘들고 너도 힘들고 결국 아이가 썩 잘 자는 것도 아니잖아." 내면의 목소리가 계속 딴지를 걸어왔다. 그리고 수개월이라는 시간을 허비한 후에야 나는 인정하고 말았다. 아이를 낳기 전까지 "애는 좀 울려도 돼!"라며 자신했던 내 육아관이, 실제로는 내 육아관이 아니었음을······.

처음에는 이러한 나 자신의 내면의 소리가 어디서 왔는지 생각할 겨를도 없었다. 아이를 키워가며 알았다. 내 어린 시절의 목소리였다는 것을.

나는, 아이가 울기만 하면 어떻게 해서든 그치게 해야 했던 엄마

밑에서 자랐다. 그래서 나는 엄마와 다르게 우리 애는 좀 울려가며 강하게 키우리라 다짐했었다. 아이를 낳고 아이의 울음소리를 듣고 보니 어랏! 내 어설픈 육아관이 힘을 쓰지 못하는 것이었다. 나도 엄마처럼!!!??? 엄마는 지금도 손주가 울면 혼이 다 빠지시는 것 같다. 그러니 내면 속에 있는 나(어린 시절의 나로부터 영향을 받은)는, 아기 울음에 겁을 낼 수밖에.

이런 식으로 엄마의 육아가 나 자신의 육아와 연결될 수 있다는 게 신기했다. 그리고 나는 또 우리 아이의 육아에 영향을 주게 되겠지.

다행히 나는 아이 잠 문제를 해결해보겠다고 육아서를 많이 읽은 덕분에 아이 울음이 꼭 나쁜 것만은 아니라는 걸 배웠다. 아이가 자라면서, 책을 보고 배운 이성이 내 어린 시절 목소리와 타협을 시작했는지 아이 울음이 이젠 그다지 두렵지 않다. 오히려 너무 태연하다는 말도 듣는다. 내가 물려받는 엄마의 육아와 이성을 통해 배운 이런 태연함을 우리 아이의 육아에 넘겨줄 수 있다면 참 좋겠다.

나는 수면교육에 대한 강연을 나갈 때마다 '정보'와 '감성', 이 두 가지를 늘 강조하고 다닌다. TV만 틀면 나오는 육아 프로그램(심지어 육아 예능까지)을 통해 숱한 정보를 접할 수 있고, 스마트폰에 검색어만 입력하면 육아 정보를 수십만 가지 찾아낼 수 있다. 정보가 없어 애를 못 키우는 시대가 아니라 정보가 너무 많아서 무얼 어떻게 해야 할지 결정하기 힘든 시대가 되었다. TV나 스마트폰 등의 미디어를 통해 얻는 정보는 조각조각 잘려진, 방법 위주의 인스턴트 정보라서 깊이가 없다. 정보 속에 숨겨진 철학을 깨닫고 스스로의 육아철학을 만들기 위해서는 책을 가까이 하는 것이 좋다. 지금 당장 필요한 정보를 찾기는 힘들 수 있지만, 책은 매 상황에 적용할 수 있는 기본 가치를 확립하는 데 큰 도움을 준다. 책 읽기는, 내가 좋아하는 느림보 정보 검색법인 셈이다.

그런데 책을 통해 양질의 정보를 많이 가지고 있다 하더라도, 아이를 키우면서 잊어서는 안 되는 것이 있다. 내 안의 감성이 정보를 활용함에 있어 어떤 이야기를 하는지 잘 들으려고 노력해야 한다는 것이다. 아이는 저마다 다른데, 책이나 미디어를 통해 얻은 몇 가지 정보로 모든 아이가 만족할 리는 만무하기 때문이다. 낱알 구슬 같은 정보를 꿰어 보석으로 만드는 일을 하는 것은 엄마의 감성이다. 엄마 내면의 목소리다.

엄마 내면의 목소리가 말을 걸어오면 깊숙이 대화를 나눠보시라. 한층 더 현명해질 것이다.

부모님은 나를 낳아 키우셨지만, 우리 두 아이 또한 나를 키웠다. 두 아이를 '키운다'는 말이 부끄러울 정도로 두 아이는 나를 키웠다. 그렇다고 해서 내가 두 아이 덕에 성인군자가 되었다는 말은 아니다. 지금도 나는 엉성하다. 화도 잘 낸다. 짜증도 잘 부린다. 그렇지만 나는 우리 아이를 키우는 일을 요새 흔히 하듯이 독박육아니 호구육아니 육아헬이니 하는 말로는 절대로 표현하고 싶지 않다. 나는 나름 잘해내고 있다. 천상의 육아처럼 달콤한 것은 아니라도 현세 육아는 그럭저럭 잘해내고 있다. 보통은 무난하고 가끔은 짜증나고 화도 나고, 또 가끔은 행복하고 '애를 안 낳았으면 이런 기분을 알 수나 있었을까?' 하며 즐거워하는, 현세 육아는 잘해내고 있다. 그리고 여기에 덧붙여 나와 우리 가족 말고도 주변을 돌아보며 좀 더 따뜻한 세상을 만들려고 노력할 수 있다면 내 현세 육아는 더 바랄 것이 없을 듯하다.

아이를 낳기 전까지 나는 좋은 부모가 되고 싶었었다. 그런데 이제 나는 좋은 부모가 되기 위해 애쓰지 않는다. 좋은 부모가 무엇인지조차 잘 모르기 때문이다. 대신 좋은 부모가 아니라 좋은 사람이 되려고 애쓴다. 왠지 좋은 사람이 무엇인지는 좀 알 것 같기 때문이다. 좋은 사람이라도 가끔은 불같이 화내는 날이 있으려니, 하고 아이 앞에서 버럭질한 것도 위안하며 산다. 그리고 부족하기는 하지만 나는 뭐 이만하면 괜찮은 사람이라고, 아이 낳기 전에도 이만하면 괜찮은 사람이었으니, 아이 낳았어도 이만하면 괜찮은 사람일 거라고 믿는다. 이만하면 됐지, 뭐.

지금은 사춘기를 앞두고 서로 신경전을 펼치고 있는 큰아이가 아니었다면 이런 경험을 할 수 있었을까. 이젠 사랑한다는 말조차도 큰마음 먹어야 하게 되는 큰아이에게 고맙다는 말과 사랑한다는 말을 전하고 싶다. 큰아이와는 달리 일단 제 뜻대로 된 후에야 이성이 통하는 작은아이는, 늦었지만 우리 가족에게 찾아와줘서 고맙다고, 또 다른 육아를 경험하게 해줘서 고맙다고 말하고 싶다.

　　　　　　　　　　　　　　　느림보 수면교육

내 글과 말을 듣고 큰 힘이 되었다며 자신들의 경험을 나누고 칭찬해준 웹사이트의 속삭임맘들은 내 삶의 큰 버팀목이자 자랑거리다. 그들이 없었다면 내가 10년 넘게 한길을 갈 수나 있었을까.

느림보답게 책 출간 생각도 없어졌을 때 용기를 주며 같이 일해보자고 연락해주신, 그리고 부족한 글을 멋지게 편집해주신, 윤혜준 대표님과 구본근 편집장님께도 감사의 말씀 전하고 싶다. 그때 여러 번 설득해주지 않았다면 내가 이런 책을 낼 수나 있었을까.

내 부족한 글을 읽고 아기의 잠 문제가 여러분 혼자만의 문제는 아니었다는 위안을 받고 마음이 따뜻해질 수 있기를 바란다. 그리고 그 따뜻한 마음을 또 다른 사람에게 나눌 수 있다면 내겐 큰 기쁨이겠다.

2016년 5월
이 현 주

• Anuntaseree W, et al, Night waking in Thai infants at 3 months of age : association between parental practices and infant sleep, Sleep Med. 2008 Jul;9(5):564-71.

• Aware Parenting Institute, http://www.awareparenting.com

• Brian Palmer, Infant Dental Decay Is it related to Breastfeeding?, http://www.brianpalmerdds.com/pdf/caries.pdf

• Burnham, M. M., B. L. Goodlin-Jones, E. E. Gaylor and T. F. Anders(2002). "Nighttime sleep-wake patterns and self-soothing from birth to one year of age: a longitudinal intervention study." J Child Psychol Psychiatry 43(6): 713-725.

• Carey WB. Letter : breast feeding and night waking. J Pediatry, 1975;87:327.

• Donald Winnicott, 《The Child, The Family, and The Outside World》, Penguin, 1973.

• Dustan Baby Language,《Dustan Baby Language》, 2006.

• Ferber SG, et al, Massage therapy by mothers enhances the adjustment of circadian rhythms to the nocturnal period in full-term infants. J Dev Behav

Pediatr. 2002 Dec;23(6):410-5.

• Fern R. Hauck, et al, Do Pacifiers Reduce the Risk of Sudden Infant Death Syndrome? A Meta-analysis, Paediatrics, November 2005, VOLUME 116 / ISSUE 5.

• Gary Ezzo, 《On Becoming Baby Wise : Giving Your Infant the Gift of Nighttime Sleep》, Parent-Wise Solutions, 2012.

• Hanafin S1, et al, Does pacifier use cause ear infections in young children?, Br J Community Nurs. 2002 Apr;7(4):206, 208-11.

• Isabel Granic, 《Bedtiming : The Parent's Guide to Getting Your Child to Sleep at Just the Right Age》, The Experiment, 20.

• JA Spencer, MD, White Noise and Sleep Induction, Archives of Disease in Childhood, Jan; 65(1): 135 – 137, 1990.

• Jack Newman, Breastfeed a Toddler-Why on Earth?, http://nbci.ca/index. php?option=com_content&view=article&id=78:breastfeed-a-toddler-why-on-earth&catid=5:information&Itemid, 2005

• Jacqueline M. T. Henderson, Karyn G. France, Joseph L. Owens, Neville M. Blamed, Sleeping Through the Night : The Consolidation of Self-regulated Sleep Across the First Year of Life, Paediatrics, November 2010, VOLUME 126 / ISSUE 5.

• Jay Gordon, 《Good Nights : The Happy Parents' Guide to the Family Bed(and a Peaceful Night's Sleep!)》, St. Martin's Griffin, 2007.

• Jay Gordon, Sleep, Changing Patterns In The Family Bed, http://drjaygordon.com/attachment/sleeppattern.html, 2010.

- Jodi A. Mindell, Lorena S. Telofski, Benjamin Wiegand, Ellen S. Kurtz, 2009, A Nightly Bedtime Routine : Impact on Sleep in Young Children and Maternal Mood, Sleep, 2009 May 1 : 32(5) : 599 – 606.

- Jodi Mindell, 《Sleeping Through the Night, Revised Edition : How Infants, Toddlers, and Their Parents Can Get a Good Night's Sleep》, William Morrow Paperbacks, 2005.

- Katie Amodei, Baby's Fourth Trimester : Helping Your Baby Make a Peaceful Transition from Womb to World, https://www.parentmap.com/article/babys-fourth-trimester-helping-your-baby-make-a-peaceful-transition-from-womb-to-world, 2007. 4. 11.

- Kim West, 《The Sleep Lady's Good Night Sleep Tight : Gentle Proven Solutions to Help Your Child Sleep Well and Wake Up Happy》, DeCapo Books, 2014.

- Loutzenhiser L, Hoffman J, Beatch J, Parental perceptions of the effectiveness of graduated extinction in reducing infant night-wakings, Journal of Reproductive and Infant Psychology 2014 : http://dx.doi.org/10.1080/02646838.2014.910864.

- Marilyn Barr, What is the Period of PURPLE Crying?, http://purplecrying.info/what-is-the-period-of-purple-crying.php

- Middlemiss W, Granger DA, Goldberg WA, Nathans L, Asynchrony of mother-infant hypothalamic-pituitary-adrenal axis activity following extinction of infant crying responses induced during the transition to sleep, Early Human Development 2012 ; 88.

• Mindell JA, Sadeh A, Wiegand B, How TH, Goh DY, Cross-cultural differences in infant and toddler sleep, Sleep Med 2010. 11.

• National Sleep Foundation, Sleep in America 2004, https://sleepfoundation. org/sites/default/files/FINAL%20SOF%202004.pdf

• Our six-month-old baby is unable to fall asleep on his own. He needs to be nursed or held to fall asleep, http://www.attachmentparenting.org/apifaqs/ night/soothingsleep

• Parenting.com, The Truth About The Ferber Method, http://www.parenting.com/article/the-truth-about-ferberizing

• Pinky McKay, Beating 'bad habits' – gently,with love, http://www.pinkymckay.com/beating-bad-habits-gentlywith-love/, 2013.

• Price, A. M., M. Wake, et al, "Five-Year Follow-up of Harms and Benefits of Behavioral Infant Sleep Intervention : Randomized Trial.", Pediatrics, Published online 2012. 9. 10.

• R. J. 팔라시오, 《아름다운 아이》, 책과 콩나무, 2012.

• Richard Ferber, 《Solve Your Child's Sleep Problems》, Touchstone, 2006.

• Rickert VI, et al, Reducing nocturnal awakening and crying episodes in infants and young children : a comparison between scheduled awakenings and systematic ignoring, Pediatrics, 1988 Feb ;81(2):203-12.

• Rosemary Van Roman, 《Helping the Thumb-Sucking Child》, Avery, 1998.

• Sadurni, M, Rostan. C, Regression Periods in Infancy : A Case Study from Catalonia, The Spanish Journal of Psychology, 2002, Vol 5, No. 1, 36-44.

• Saline Boyles, Hearing Delays Seen With Continuous White Noise in Animal Study, http://www.webmd.com/baby/news/20030417/white-noise-may-delay-infant-development, 2003. 4. 17.

• Sandy Hathaway, 《What to Expect the First Year》, Workman Publishing Company, 2003.

• Sarah C. Hugh, et al, Infant Sleep Machines and Hazardous Sound Pressure Levels, Pediatrics, 2014, Vol. 133 no. 4

• Scher, A., Cohen, D. V., Sleep as a Mirror of Developmental Transitions in Infancy: The Case of Crawling. Monographs of the Society for Research in Child Development 80, 70 – 88, 2015.

• Scott A. Rivkees, MD, Developing Circadian Rhythmicity in Infants, Pediatrics, 2003, Vol. 112 No. 2, pp. 373-381.

• Sheyne Rowley, 《Sheyne Rowley's Dream Baby Guide: Positive Routine Management For Happy Days and Peaceful Nights》, Allen&Unwin, 2009.

• T. 베리 브래즐턴, 《베이비 터치포인트》, 세종서적, 2006.

• William Sears, 《The Baby Book, Revised Edition : Everything You Need to Know About Your Baby from Birth to Age Two》, Little Brown and Company, 2013.

• 마크 웨이스블러스, 《아이들의 잠—일찍 재울수록 건강하고 똑똑하다》, 아이북, 2001.

• 배명진, 태아는 어떤 소리를 들을까, http://www.dongascience.com/news/ view/-5362867/bef, 2011.

• 아베 히데오, 《내 아이가 우는 이유》, 예문, 2008.

• 엘리자베스 팬틀리, 《우리 아기 밤에 더 잘 자요》, 지식공작소, 2003.

• 지나 포드, 《밤마다 꿀잠 자는 아기》, 페이퍼스토리, 2011.

• 트레이시 호그, 《베이비 위스퍼 2》, 세종서적, 2002.

• 트레이시 호그, 《베이비 위스퍼 골드》, 세종서적, 2007.

• 트레이시 호그, 《베이비 위스퍼》, 세종서적, 2001.

• 파멜라 드러커맨, 《프랑스 아이처럼》, 북하이브, 2013.

• 하비 카프, 《엄마 뱃속이 그리워요》, 한언출판사, 2011.

• 하비 카프, 《우당탕탕 작은 원시인이 나타났어요》, 한언출판사, 2011.

• 헤티 판 더 레이트, 《엄마, 나는 자라고 있어요.》, 북폴리오, 2007.

• 현성용 외, 《현대 심리학의 이해》, 학지사, 2009.

ㄱ

각성단계 131, 137~139, 172

갈색잡음(브라운노이즈) 70

감정코칭 106, 119, 220

걷기패턴 191

경이의 주 168~170

고관절탈구증 67

고요히 배우는 시간 140~141

공갈젖꼭지 82, 85~95, 243

공감육아 106, 119, 220~221

국제애착육아그룹 247~248

급성장기 89, 167~169, 213, 215

깊은 잠(NREM 수면) 52, 73, 90~91, 130~131, 138~141, 163, 245

깨워 재우기 131~132, 261

꿈나라수유 91, 175, 283

ㄴ

나눠 하는 수면교육 228, 258

나폴레옹 보나파르트 117

내니 135, 174, 230~231, 238~239, 279

노는 시간 140, 280

느림보 수면교육 159, 195, 227~228

ㄷ

다단계 수면교육법 250

대상영속성 240, 242

도널드 위니컷 41

뒤집기 66~67, 75, 82, 98, 100, 166, 213~215, 233

등짝맨 46, 151

ㄹ

락토스 288

락토페린 288

러비(애착인형) 99~100

레오 버크 183

로널드 G. 바 57

리처드 퍼버 236~238, 295

ㅁ

마더쇼크 28, 30, 33, 41
마더쇼크 이퀄라이저 32~33
마크 루이스 232
마크 웨이스블러스 175, 236
멜라토닌 55, 98, 124, 232
모로반사 49~52, 54, 61, 73
모유수유 30, 84~86, 155, 168, 191,
　253, 256, 274, 283, 28~288
모유수유그룹 6, 188, 202
모차르트 음악 59, 220, 254
미국 국립수면재단 239
미리 깨우기 131
미셸 코헨 231, 236

ㅂ

반사반응 49, 87
밤중수유 171, 175~176, 210, 283,
　285~288, 290, 302
배냇짓 31
백색 조명 259
백색잡음(백색소음) 58, 65, 68~72,

158~159, 163, 210, 243, 254, 297
백일의 기적 39, 124, 212
베이비센터 210
《베이비 위스퍼》 25, 133, 174, 204,
　243
《베이비 위스퍼 골드》 121, 218, 244
베이비 위스퍼러 68, 254, 310
베이비마사지 97~98
변형 퍼버법 239~240
부정교합 222
분리불안 214, 219, 233~234, 240
분유수유 168, 274, 287~288
브라이언 팔머 288~289
비영양적 빨기욕구 79, 82, 84, 93
빨기 반사반응 49
빨기욕구 78~79, 81~84, 86

ㅅ

산후우울증 29
생체리듬 55, 79, 96, 124~125, 162,
　165, 258~259, 279, 285
서카디안 시스템 96
소거 격발 215
소거법 235, 237
속삭임맘 7, 71, 315
속싸개 61~68, 74, 243~244,

279~280

손 탄 아기 50~53

손/손가락 빨기 94

수면 요구량 297

수면 평균량 297

수면습관 7, 190~192, 219, 311

수면시간 161

수면연상 101, 102, 104, 157~158

수면연상 깨뜨리기 수면교육법 254

수면의식 62, 98, 146, 148~150,
160, 195, 216, 243~244, 260, 267,
271, 279

수면재정비법 243, 252

수면주기 128~131, 133

수면퇴행 211~212, 214, 216

수면패턴 11, 91, 126, 129,
138~139, 190~191, 209,
212~213, 227, 250, 259, 284

수면훈련법 6

쉐인 롤리 135, 175, 239, 243, 254,
265, 271

쉬잇-토닥이기(쉬닥) 244~245

슬럼버 베어 70

슬립 트레이너 243, 246

슬립 트레이닝 120

신경시스템 46~48

신생아 30, 51, 61, 71, 73, 83~84,
87~88, 97, 124, 128~130, 144,

157, 171, 190~191, 207, 213, 241,
279

신체리듬 161, 232

ㅇ

아기 입기 76~77

아기와의 즐거운 속삭임 12, 30, 114,
129, 132, 134, 143~144

아데노이드 비대 222

아드레날린 144

아베 히데오 109

안고 눕히기(안눕) 244~245

알레사 솔터 109

암막 블라인드 96

애착육아 6, 191~192, 230~231,
247~249, 252

애착육아론자 175, 237, 247

양수 69

얕은 잠(REM 수면) 52, 66, 86, 88,
91, 126, 129~131, 134~135,
138~141, 156~157, 172, 203,
212, 261

어웨어 패어런팅 109

언어발달 72

에릭 에릭슨 46

엘리자베스 팬틀리 133, 248, 252,

느림보 수면교육

256~257

역(逆)수면교육 178~179

역할놀이 271

영아돌연사 73~75, 99

영아산통 54, 56, 74

영양적 빨기욕구 79, 84

오라젤 167

오이디푸스 콤플렉스 39

옥시토신 79

완만제거법 252, 257

우는 시간 141~142

우울증 29, 96, 187~188, 220

울음인식률 60

위식도역류증 54, 207

위험신호 51

윌리엄 시어스 175, 252, 256

유당 79, 219, 288

유두혼동 86

유치 214, 286~289

의자요법 243

일과성 퇴행 216

ㅈ

자궁 밖의 태아 48~49, 115

자는 시간 140, 142

잠버릇(수면연상) 101~104, 121,

155~159, 238, 255~256,

291~292, 295~296, 298~303,

306~307

잠울음 133

잠재우기 67~69, 73, 78, 146, 153,

170, 237~238, 286, 294, 297, 299

잠투정 4~7, 9, 25, 89, 110, 120,

142~144, 178, 185, 187, 197, 200,

223, 256, 260, 296

잭 뉴먼 81

전이 시간 140~143

점진소거법(오리지널 퍼버법) 236~237,

240

젖니 167

제나 드완 테이텀 225

제이 고든 248, 250, 252

제임스 맥케나 48

조디 민델 75, 239

조용한 수면 128

존 볼비 169

졸려하는 시간 141

지나 포드 135, 175, 194, 238, 243

진언(주문)울음 133

집중 수면교육 197, 201, 206,

208~209, 218, 221, 246

ㅊ

찰스 오스굿 43
청력발달 72
취침시간 148~149, 160~164, 219,
  258, 283, 286, 293
취침의식 92, 148, 150, 164,
  274~278, 293

ㅋ

코르티솔 124, 144, 189
크라잉베베 60
크라잉 인 암스 110
킴 웨스트 243, 252, 256

ㅌ

타이레놀 167
타이밍 51, 53
타임테이블 274~278
터미 타임 67
통잠 8~10, 111, 122, 171~174,
  178~179, 181, 219, 221, 231,
  249~250, 254, 262
퇴행기 169

트레이시 호그 68, 133, 174~175,
  194, 204, 244, 256, 306
트리샤 애쉬워스 17
트립토판 79
티딩젤 167

ㅍ

파블로프의 개 147, 156
퍼버라이즈 236
퍼버법 109, 111, 193, 206~207,
  236~240
퍼플 울음절정기 56~58, 109
페어런팅 281
포대기 77
프란스 X. 프로에이 169
프리실라 던스턴 59~60
피아제 240, 242
핑크잡음(핑크노이즈) 70
핑키 맥케이 159, 248, 254~255

ㅎ

하비 카프 68, 230
하지불안증 222
햇빛효과/암막효과 96

향본능표류 216~217

헛울음 133~138, 156~157, 195,
    203, 209, 261, 284~285

헤티 판 더 레이트 169

혀 내밀기 반사반응 87

호메오패티 167

호흡불안정 222

혼자 울려 재우기 154, 235, 240

활발한 수면 128~129

활발히 움직이는 시간 140~142

황색 조명 55, 126

흔들린 아기증후군 57, 77, 113

흔들침대 77~78

기타

1:1 놀이시간 269~270

3일의 기적 246, 304, 311

4S 수면의식 244, 245

baby schedule 281

Mother's World 19, 21, 28

느림보 수면교육

1판 1쇄 2016년 6월 20일 | 1판 6쇄 2024년 10월 30일

지은이 이현주
펴낸이 윤혜준
편집장 구본근
본문 디자인 박정민

펴낸곳 도서출판 폭스코너 | **출판등록** 제2018-000115호(2015년 3월 11일)
주소 서울시 마포구 대흥로 6길 23 3층(우 04162)
전화 02-3291-3397 | **팩스** 02-3291-3338
이메일 foxcorner15@naver.com
페이스북 foxcorner15 | **인스타그램** foxcorner15

종이 일문지업(주) **인쇄 · 제본** 수이북스

ISBN 979-11-955235-7-3 (03590)